U0342737

核壳结构无机复合粉体的
制备技术及其应用

Preparation Technology of Core-shell Structure
Inorganic Composite Powder and Its Application

王彩丽　著

北　京

冶 金 工 业 出 版 社

2021

内 容 提 要

本书共8章，主要介绍核壳结构无机复合粉体制备技术特点、制备方法、表征方法和应用现状，以及硅灰石基抗静电复合粉体、硅灰石包覆硅酸铝复合粉体、硅灰石基无卤阻燃复合粉体、粉煤灰基金属骨架有机物、粉煤灰包覆硅酸铝复合粉体、粉煤灰包覆氧化锌复合粉体、粉煤灰包覆氢氧化镁复合粉体的制备工艺、机理、表征及其应用。本书具有较强的技术性、针对性和参考价值。

本书可供矿物材料、粉体工程等领域的技术人员、科研人员和管理人员阅读，也可供高等学校矿物加工工程及相关专业师生参考。

图书在版编目 (CIP) 数据

核壳结构无机复合粉体的制备技术及其应用/王彩丽著 . —北京：冶金工业出版社，2021.5

ISBN 978-7-5024-8544-3

Ⅰ.①核… Ⅱ.①王… Ⅲ.①无机材料—复合材料—粉体—制备 Ⅳ.①TB33

中国版本图书馆 CIP 数据核字（2021）第 096854 号

出 版 人　苏长永
地　　址　北京市东城区嵩祝院北巷 39 号　邮编　100009　电话　(010)64027926
网　　址　www.cnmip.com.cn　电子信箱　yjcbs@ cnmip.com.cn
责任编辑　王梦梦　美术编辑　彭子赫　版式设计　禹　蕊
责任校对　郭惠兰　责任印制　禹　蕊
ISBN 978-7-5024-8544-3
冶金工业出版社出版发行；各地新华书店经销；三河市双峰印刷装订有限公司印刷
2021 年 5 月第 1 版，2021 年 5 月第 1 次印刷
169mm×239mm；11.25 印张；217 千字；169 页
66.00 元
冶金工业出版社　投稿电话　(010)64027932　投稿信箱　tougao@cnmip.com.cn
冶金工业出版社营销中心　电话　(010)64044283　传真　(010)64027893
冶金工业出版社天猫旗舰店　yjgycbs.tmall.com
（本书如有印装质量问题，本社营销中心负责退换）

前　言

核壳结构无机复合粉体制备技术是粉体表面改性新技术，其基本原理是通过在一种粉体表面包覆或复合金属、无机氧化物、氢氧化物等优化粉体材料功能或赋予粉体材料新的功能的方法和工艺，这也是无机/无机复合功能粉体材料，即所谓"核-壳"型无机复合粉体材料的制备方法，这种复合粉体材料表面包覆或复合的无机物（金属、无机氧化物、氢氧化物等）一般是超细颗粒、纳米粒子或纳米晶粒，因此，也称纳米/微米复合材料或纳米/纳米复合材料。

本书是笔者多年来在核壳结构无机复合粉体制备和应用领域的研究成果的整理和提炼，并结合国内外相关领域的新成果，提出了一些新的观点。

本书共8章。第1章主要介绍核壳结构无机复合粉体制备技术特点、制备方法、表征方法和应用现状；第2章介绍了硅灰石基抗静电复合粉体的制备工艺、机理、表征及其应用；第3章介绍了硅灰石包覆硅酸铝复合粉体制备工艺、机理、表征及其应用；第4章介绍了硅灰石基无卤阻燃复合粉体制备工艺、机理、表征及其应用；第5章介绍了粉煤灰基金属骨架有机物的制备、表征及其应用；第6章介绍了粉煤灰包覆硅酸铝复合粉体制备工艺、机理、表征及其应用；第7章介绍了粉煤灰包覆氧化锌复合粉体制备工艺、机理、表征及其应用；第8章介绍了粉煤灰包覆氢氧化镁复合粉体制备工艺、机理、表征及其应用。

感谢国家自然科学基金项目（No.51804214）、山西省高等学校科技创新项目（No.2019L0162）和重点实验室开放基金项目（No.HB201910）对本书的资助。同时，本书在撰写过程中得到了郑水林教授的悉心指导，在此表示衷心的感谢！此外，笔者诚挚地感谢王栋、王静、王斌等学生的研究工作，还要感谢秋颖、王志学、姚国鑫等对该书的校正。

限于作者水平和时间，书中疏漏和不足之处敬请有关专家及广大读者批评和指正。

作　者

2021 年 3 月

目　录

1 概　　述

‹‹‹

1.1　核壳结构无机复合粉体制备技术特点

核壳结构无机复合粉体制备技术是粉体表面改性新技术，又称粉体表面无机改性，其基本原理是通过在一种粉体表面包覆或复合金属、无机氧化物、氢氧化物等优化粉体材料功能或赋予粉体材料新的功能的方法和工艺，这也是无机/无机复合功能粉体材料，即所谓"核-壳"型无机复合粉体材料的制备方法，这种复合粉体材料表面包覆或复合的无机物（金属、无机氧化物、氢氧化物等）一般是超细颗粒、纳米粒子或纳米晶粒，因此，也称纳米/微米复合材料或纳米/纳米复合材料[1~4]。

核壳结构复合粉体因其显著的特性得到广泛的应用。例如：其外壳可以保护内核，使得核更稳定，避免其被氧化或腐蚀，亦可赋予新机能[2]；可同时解决微米粉体和纳米粉体在应用中存在的问题[3]。

1.2　核壳结构无机复合粉体制备方法

核壳结构无机复合粉体制备方法可分为机械复合法和液相化学法两种。

1.2.1　机械复合法

机械复合法（又称机械化学法）是指在一定温度下，利用挤压、剪切、冲击、摩擦等机械力使两种或两种以上的粒子进行黏附复合，将作为包覆剂的无机颗粒均匀附着或吸附在被改性颗粒（即母粒）表面，使它们之间形成较为紧密的包覆层[1]。目前机械复合法主要包括干法的高能球磨法、高速气流冲击法和湿法的超细搅拌研磨法。

1.2.1.1　高速气流冲击法

高速气流冲击法一般采用 HYB 型高速冲击式粉体表面改性机对粉体进行改性。

HYB 型高速冲击式粉体表面改性机的工作原理为[1]：物料（母粒子）和改性剂（子粒子）在转子、定子、叶片等部件的作用下被迅速分散，颗粒与颗粒和部件产生力的作用，利用摩擦、冲击、剪切等机械力使子粒子包覆在母粒子表面并进一步实现成球包覆或成膜包覆。设备对物料的尺寸也有要求[5]：母颗粒粒径在 50~500μm 之间，子颗粒在 0.1~50μm 之间，母颗粒与子颗粒的粒径比至少为 10：1。给料前需要进行预混合，给料时采用计量给料装置均匀给料。

周婷婷等人[6]采用高速气流冲击法，以 BN 为子粒子、TiB$_2$ 为母粒子制备核壳结构复合粉体来提升 TiB$_2$ 陶瓷的性能。实验结果表明：最佳实验条件为处理时长 5min，转子转速 13000r/min，投料 50g/次。延长样品的加工时间未产生任何效果；提高转子转速能促进子粒子的包覆，但转速过高会破坏母粒子；母粒子与子粒子的粒径比越大，包覆的效果越好，球化程度越明显。

1.2.1.2　高能球磨法

高能球磨（HEBM）法通常使用 HEM 机进行研磨（也有人认为行星式球磨属于高能球磨），磨球为不锈钢球、刚玉球等。工作原理为：颗粒与颗粒、磨球和机器在研磨、剪切、碰撞等机械力的作用下，激发其化学性能，降级反应活化能，诱导反应在低温下发生化学反应，形成包覆层。然而其研磨时间加长，会引起机械能转化为热能，需要对设备降温[7~10]。

Hoa 等人[8]以 NiO 为包覆剂，掺钐碳酸铈（SDCC）为母粒子，采用 HEBM 法制备了 NiO-SDCC 复合阳极粉体。朱朝阳等人[9]以 FeF$_3$ 作为添加剂，以铝粉为母粒子制备 Al-FeF$_3$ 复合燃料，解决 Al 粉的不充分燃烧问题。其实验的最佳条件为：球料比 10：1，在 390r/min 的转速下研磨 8h，包覆剂 FeF$_3$ 的包覆量从 5%~20%均可相容，当其加入量仅为 5%时，包覆剂的引入破坏了铝粉的氧化层完整，使得粉体更容易点燃，同时 Al-FeF$_3$ 的着火点由 2054℃（球型 Al 粉末）降至 1018.6℃，残渣率从 6.151%下降到 4.215%。

1.2.1.3　湿法超细搅拌研磨法

由于干法研磨机研磨粉体存在缺陷，如磨球的粒径太大，粉体的温度会因大量的能量导入从而急剧上升，无法达到小颗粒研磨强度，细磨后粉体出现团聚现象等，因此湿法研磨方法应运而生。湿法超细搅拌研磨法是利用或通过化学助剂调节粉体颗粒之间的表面性质，特别是表面电性和吸附特性，采用高能搅拌磨或砂磨机对两种以上粉体材料进行复合的方法或工艺，其工艺过程包括超细研磨和粉体（包括母粒子和表面包覆物子粒子）表面性质的调节、浆液过滤、干燥与解聚分级等。其中，颗粒表面性质的调节是关键。该方法既有效地降低了制备成本，也满足了对复合材料的粒度要求[11]。

刘杰等人[12]采用湿法超细搅拌研磨法制备煅烧高岭土/钛白粉复合粉体材料，以降低钛白粉的成本，减小生产环境负荷。研究表明，当复合质量配比为 50/50，研磨时间为 10min，pH 值为 5，悬浮液质量分数为 50%时制备的复合材料与钛白粉的物理性能相似，可以作为其替代材料；磨机的转速、矿浆pH值、研磨时间、质量配比等参数对改性效果起到显著影响，其影响顺序为：质量配比>pH值>高岭土质量分数>研磨时间。

1.2.2 液相化学法

液相化学法是利用液相环境中的化学反应生成表面无机改性剂对颗粒或母粒子表面进行包覆。常用的液相化学包覆方法有沉淀法、溶胶-凝胶法、醇盐水解法、异相凝固法、化学镀法、浸渍法和水热法等。

1.2.2.1 沉淀法

沉淀法是向含有被包覆粉体的溶液中加入沉淀剂，或引入生成沉淀剂的离子，使改性离子发生沉淀反应，在颗粒表面析出，从而对颗粒进行包覆。沉淀法对设备的要求低、操作简单，因此得到了广泛的应用。该工艺主要包括沉淀的生成和固液分离，其中沉淀的生成是该工艺的关键步骤。

沉淀法又可分为直接沉淀法、共沉淀法和均相沉淀法[13]。直接沉淀法是通过加入沉淀剂使溶液中的离子产生沉淀直接生成包覆物；均相沉淀法不需外加沉淀剂，而是在溶液内部均匀缓慢地生成沉淀剂，通过调节化学反应条件控制沉淀剂的释放速度，避免局部沉淀剂浓度不均匀，从而形成均匀致密的颗粒包覆；共（并流）沉淀法是将沉淀剂（通常是碱溶液和盐溶液）同时加入含有被包覆颗粒的悬浮液中生成沉淀包覆物。非均匀形核法是以被包覆颗粒为形核基体，控制溶液中包覆层物质反应浓度在非均匀形核和均匀形核所需的临界值之间，从而实现颗粒的包覆过程。由于非均匀成核所需的动力要低于均匀成核，因此包覆层颗粒优先在被包覆颗粒上成核，形成包覆。非均匀形核法属于沉淀包覆法中的一种特殊方法。该法要求加入的微粒子浓度很低和需要较长的处理时间，如果加入的微粒子浓度过高或反应速率偏高，那么将难以得到较均匀和致密的粒子包覆层，而且表面包覆层很可能不是单个均匀的粒子而是团聚的粒族。该方法操作简单，可以投入工业生产，同时药剂浓度可控，可制备不同包覆量的复合粉体。

李素娟等人[14]采用沉淀法，以聚苯乙烯（PS）为模板，氢氧化钠为沉淀剂，制备了壳层厚度为20nm左右的PS-ZnO核壳结构复合材料。此方法制备的复合材料属于单分散体系，分散性好、粒度均一。同时，该材料与纯ZnO相比，具有更好的光催化性能，光解效率提高了13%。

Liu等人[15]提出了一种沉淀法制备SiC@Al$_2$O$_3$核壳复合纳米粒子的方法。通过控制硝酸铝在尿素溶液中的水解，在SiC纳米粒子表面形成了Al(OH)$_3$包覆层，经进一步热处理后转化为氧化铝，对比了沉淀法制备的SiC-Al$_2$O$_3$核壳纳米颗粒和相同成分的球磨SiC-Al$_2$O$_3$复合材料。结果表明，在相同实验条件下，核壳结构复合材料可以获得更均匀的烧结陶瓷，与机械搅拌法相比，烧结样品具有更高的密度和更好的力学性能。

Feng 等人[16]以液氨为沉淀剂制备了新型核壳型纳米 SiO_2@Ni-Rh 催化剂。结果表明，经过 Rh 改性可以增加镍的分散性，纳米颗粒具有较高的催化活性和良好的稳定性，在先进的多相催化领域具有广阔的应用前景。作者还采用同样的方法制备了一系列不同含量的 SiO_2@Ni-Rh。对比发现，SiO_2@15Ni-0.4Rh 显示出更高的催化效率。

Wang 等人[17]采用非均匀形核法制备了纳米 TiO_2/玻璃微珠复合粒子。作者用不同浓度的植酸（PA）溶液对玻璃微珠进行预处理，随后控制反应条件，在玻璃微珠表面包覆 TiO_2。实验表明：TiO_2 壳显著提高了材料的耐磨性；PA 有利于在玻璃微珠表面生成更多的羟基，从而促进 TiO_2 纳米颗粒的形成和生长；当 PA 的浓度为 3.0g/L 时，复合粉体的表面积最大，为原材料的 45 倍。

1.2.2.2 溶胶-凝胶法

溶胶-凝胶法是将改性材料的前驱体（盐）溶解于溶剂中形成均匀溶液，通过溶质与溶剂发生水解或醇解反应形成溶胶，再与被包覆粉体混合，在凝胶剂的作用下，溶胶经反应转变成凝胶，然后经高温煅烧可得包覆型复合粉体。该方法制备的复合材料活性好，分布均匀，适用于多组分的复合材料制备[18]。

Prerna 等人[19]采用溶胶-凝胶法制备了不同摩尔质量比的 ZnO/CuO 核壳结构纳米复合材料。实验结果表明，ZnO：CuO 摩尔质量比为 2：1 的复合纳米粒子具有良好的分散性，并具有更好的光学性能。该核壳结构纳米复合材料能提高电池材料的表面粗糙度，提高其吸收能力，在电池应用方面有良好的前景。

Herny 等人[20]采用溶胶-凝胶法从淤泥溶解液提取 SiO_2 制备了 TiO_2@SiO_2 和 SiO_2@TiO_2 核壳结构纳米颗粒。实验结果表明：SiO_2 纳米粒子并没有完全覆盖金红石型 TiO_2 核，SiO_2 纳米粒子被 TiO_2 覆盖，呈现出整体浑浊的外观；由于 SiO_2 限制了 TiO_2 颗粒的团聚，TiO_2@SiO_2 复合粉体比表面积显著增加。两种合成的复合材料均为介孔结构，增大了其吸附染料的性能，进而提高染料对太阳辐射的光敏性。

1.2.2.3 醇盐水解法

醇盐水解法是以醇盐为前驱体，将包覆层物质的金属醇盐溶解在被包覆颗粒的水悬浮液中形成均相溶液。金属醇盐发生水解生成醇、氧化物和水合物，通过控制金属醇盐的水解速度，使包覆层物质在被包覆颗粒表面成型和长大，从而制备包覆颗粒。该方法操作简单易控，得到的复合材料纯度较高、粒径较小，但其制备成本较高，制备时间较长[21]。

简刚等人[22]首先以聚乙烯吡咯烷酮（PVP）作为修饰剂对 Ag 进行预先处理，然后采用醇盐水解法制备了 Ag-TiO$_2$ 核壳结构复合颗粒以填充 PDMS。实验结果表明，PVP 与 Ag 形成配位键，增强了 Ag 在 TiO$_2$ 表面的吸附能力，在低温条件下，能有效地降低包覆层的生长速度，从而能形成高质量的包覆层；填充后的复合材料介电常数大，储能密度高，在电容器方面有较好的发展前景。

2018 年，Aditya 等人[23]采用钛醇盐水解产物在惰性气氛中烧结制备了 TiO$_2$-C 核壳结构复合材料。实验对比了 3 种不同 Ti 前驱体和 3 种醇溶液的组合，结果表明，在一定的醇浓度下，用钛酸丁酯制备的样品具有最大的比表面积（96.84m^2/g）和最小的晶粒尺寸。DRS 测试表明复合材料的反射率降低了 50%~90%，该材料可以有效地利用紫外线和可见光。2019 年，作者发现烧结使 sp^2 杂化的碳壳层均匀分散在 TiO$_2$ 颗粒表面。碳壳层增强了可见光吸收，并大大提高了分离效率和光生载流子的传输，其还可以用于快速降解各种水污染物，在太阳能水处理中有很好的发展前景[24]。

1.2.2.4 异相凝固法

异相凝固法根据的是表面带有相反电荷的颗粒会相互吸引而凝聚的原理制备包覆粉体，即如果一种颗粒的粒径远大于另一种带异种电荷的粒径，那么在凝聚过程中，小颗粒将会在大颗粒的外围形成一层包覆层。该方法的关键步骤是调整颗粒的表面电荷。

1.2.2.5 化学镀法

化学镀法[25]是在无外加电源的情况下，镀液中的金属离子在催化剂作用下被还原剂还原成金属元素沉积在基体表面，形成金属或合金镀层，是一个液-固复相的催化氧化-还原反应。该方法深镀和均镀能力较强，所形成的镀层厚度均匀、孔隙率低。在化学镀法制备包覆颗粒中，起非常关键的作用是镀液的配制，稳定剂和络合物及金属粒子等的浓度需要选取合理的配比，既达到稳定镀液的目的，又能保证镀液的镀覆能力。

Song 等人[26]采用化学电镀法，以纳米银线为模板进行连续化学镀，在其表面形成 Cu-Ni 核壳结构复合材料，然后用超声波分离。实验结果表明，Cu 可在 6min 内在银线表面金属化，10min 为其最佳条件；而 Ni 仅需 20s 即可在 Cu 表面形成包覆层。采用该方法可以通过反复浸入包覆液形成多层包覆，以提高其复合材料的性能。

2014 年，Yoshio 等人[27]以肼为还原剂，用化学镀法制备了 TiO$_2$-Pt 核壳结构复合材料。研究发现，随着 TiO$_2$ 浓度的增加，Pt 壳层厚度逐渐减小，即可以通过控制浓度调整 Pt 壳层厚度。2019 年，Yuya 等人[28]采用该方法并加以改进，以二氧化硅颗粒作为载体颗粒（以提供胶体稳定的二氧化硅/铂核壳结构复合颗粒），制备 SiO_2-Pt 复合材料。实验还分别使用了阴离子聚合物（PVP）和阳离子聚合物（PDADMAC）对 SiO_2 进行预沉淀处理，结果表明，聚合物对复合粉体的形貌有着显著影响。

1.2.2.6　浸渍法

浸渍法是一种广泛采用的催化剂载体表面改性方法，其基本方法是将载体放进含活性组分的溶液中浸泡，称为浸渍，当浸渍平衡后取出载体，再进行干燥、焙烧分解和活化。

浸渍工艺可分为湿法和干法两大类。湿法是将经过预处理的载体放在含有活性组分溶液中浸渍。湿法还可分为间歇浸渍和连续浸渍。间歇浸渍是将载体置于不锈钢网篮，将其浸没在装有活性组分溶液的浸渍槽中，经 30~60min 后吊起网篮，多余溶液从网孔中流出，然后进行干燥及焙烧分解处理；连续浸渍则在带式浸渍机中进行，在不断循环的运输带上悬挂多个由不锈钢制成的网篮，内装载体，随运输带移动，网篮提起，沥去多余浸液后再干燥。干法浸渍又称喷洒法或喷淋拌和法，它是将载体放入转鼓或捏合机中，然后将浸渍液不断喷洒到翻腾的载体上。这种方法易于控制活性组分的含量，又可省去多余浸液的沥析操作。李雪等人[29]以水洗高岭土为载体，乙酸镉和硫化钠为硫化镉（CdS）前驱体，在一定条件下与高岭土进行浸渍反应，制备出一种可见光响应的新型高岭土基复合光催化材料。实验结果表明，复合材料实现了 CdS 粒子在高岭土片层结构上的紧密复合与有效分散，有效地抑制了光生载流子的复合，改善了 CdS 光催化材料的光腐蚀性能，提高了材料的光催化效率。

1.2.2.7　水热法

水热法合成核壳结构无机复合粉体是将载体和包覆剂前驱体放入水热反应釜中，在一定温度下反应一段时间后制备而成。王珊等人[30]以伊利石为载体，葡萄糖为碳源，将 2.5g 伊利石（74μm 以下）与 7.5g 葡萄糖和 2.1825g 硫酸亚铁（72mL 去离子水溶解）混合，超声分散 30min，形成稳定的悬浮液，然后将混合液置于 100mL 聚四氯乙烯水热釜中，在 180℃ 下反应 24h，将产物冷却至室温，收取离心分离产物，并用水和乙醇交替洗涤，在 60℃ 条件下烘干得到伊利石负载纳米碳复合材料，该复合材料对 Cr(Ⅵ) 的吸附量达到 129.63mg/g。

1.2.2.8　各种包覆方法比较

针对不同的应用背景可以有针对性地对粉体表面包覆方法进行选择。机械力化学复合法虽然简便，但是其主要用于粉体表面的物理包覆，包覆层和基体间结合强度不高；浸渍法制备复合粉体包覆层和基体结合强度也不高；水热法制备复合粉体条件苛刻，一般要求在高温、密封环境下进行；溶胶-凝胶法反应成本较高，过程控制也较为复杂；异相凝固法要求两种微粒的粒径要相配，包覆过程对溶液 pH 值要求严格，而且通常情况下表层微粒在核微粒上的吸附并不是很紧密；化学镀法可使粉体表面获得结构均匀、厚度可控的包覆层，但是其主要用于粉体的表面金属镀层；液相法具有易形成核壳结构、工艺简单、成本低、易实现工业生产、可以精确控制包覆层物质浓度与厚度等优点。液相表面包覆方法大部分与包覆粉体制备的化学工艺相似，但是用化学工艺制备粉体时，一般希望沉淀反应为均匀成核生长，而在液相包覆时均匀成核生长的自由沉淀是不希望发生的，最理想的包覆工艺为控制沉淀反应以非均匀成核生长，即控制包覆层物质以被包覆颗粒为成核基体均匀生长，从而实现在被包覆颗粒表面形成均匀包覆层的目的。

1.3 核壳结构无机复合粉体表征方法

1.3.1 表面形貌

扫描电镜（SEM）、透射电镜（TEM）、光学显微镜、高倍和高分辨率电镜可以用来直观反映核壳结构无机复合粉体表面包覆层的形貌。SEM 放大倍数在 20 万~30 万倍之间，对凹凸不平的表面表示的很清楚，立体感很强，样品的制备方法也很简单，但它的分辨率不如 TEM。扫描透射电镜（STEM）的分辨率已达到 0.2~0.5nm，可看到薄样品的原子结构像。此外，扫描隧道显微镜（STM）、原子力显微镜（AFM）也可用来观察样品的表面形貌及结构，但它们要求样品表面非常平整，且 STM 还不能分析绝缘样品。

1.3.2 表面结构和成分

对于核壳结构无机复合粉体，可以采用化学分析方法和能谱仪分析表面包覆后粉体的表面化学成分。能谱仪（energy dispersive spectrometer，EDS）是扫描电镜上配搭的一个用于微区分析成分的配件。EDS 一般配合扫描电子显微镜与透射电子显微镜来分析材料微区元素种类与含量。通过分析包覆前后复合粉体元素种类变化可以判断子粒子（包覆层）是否成功负载在母粒子（核）表面。

能谱分析表征的是物质局部范围内的元素分布，虽然采用能谱分析不能准确地定量分析整个样品范围内的元素或氧化物的含量及分布，但可以较为清晰地定性分析不同样品内元素或氧化物含量的变化趋势。

每一物质均有其特征的红外光谱，故红外光谱常被用来测定被测物质的结构组成或确定其化学基团。红外光谱又分为近红外光谱、中红外光谱和远红外光谱，最常用到的是中红外光谱（4000~300cm^{-1}），其中在 1600~650cm^{-1} 范围内，几乎所有化合物均有自己的特征吸收频率，所以该区又称"指纹区"，常用于定性分析。将原样与包覆后的复合粉体用同样方法进行红外测试，通过红外光谱（FTIR）分析官能团的变化来确定包覆后样品中是否出现包覆物的特征峰以及分析包覆物与原样是发生了物理键合还是化学键合。若发生化学键合，表明包覆效果较好。

1.3.3 X 射线衍射

X 射线衍射（XRD）是一种确定物质晶相（非晶、多晶、单晶）和晶相成分分析的强有力的工具。通过对样品进行 X 射线分析可以确定复合粉体表面包覆物的种类以及各种物质在样品中的大致含量及各种成分的结晶情况。由衍射峰的半峰宽（full width at half-maximum，FWHM），通过 Scherrer 公式（1-1）可估算出包覆物的粒径[31]。

$$D = \frac{k\lambda}{B\cos\theta} \tag{1-1}$$

式中，D 为晶粒垂直于晶面方向的平均厚度，nm；λ 为 X 射线波长；k 为 Scherrer 常数（$k=0.89$）；θ 为衍射角，需转化为弧度；B 为样品衍射峰半高宽度，也需转化为弧度。

1.3.4 粒度分布

通过测试包覆前后粉体的粒度和粒度分布的变化，能够反映子粒子（包覆层）是否成功负载在母粒子（核）表面。若包覆后复合粉体 D_x（D_x 为样品累计粒度分布百分数为 $x\%$ 时对应的粒径）大于包覆前复合粉体对应 D_x，则表明子粒子（包覆层）成功负载在母粒子（核）表面[32]。

1.3.5 比表面积、孔隙率和孔径分布

比表面积是指单位质量粉体的表面积，单位为 m^2/g。对于粉体的无机改性，特别是旨在提高粉体材料吸附和催化性能的无机粉体的表面改性，比表面积和孔径分布特性是重要的评价指标之一。

比表面积的测量方法有渗透法、吸附法和压汞法，其中气体吸附法（也称 BET 法）是经典测定方法，它是根据 BET 方程式，在一定条件下测定被固体颗粒吸附的气体质量，然后通过吸附的气体质量和气体分子的截面积即可计算颗粒的比表面积。

不同复合粉体的孔的大小和形状有很大差别。表征孔特征的尺寸一般为孔的宽度。按孔的宽度可分为微细孔（小于 2nm）、中微孔（2~50nm）、大微孔（大于 50nm）等。测定孔大小的方法有显微镜法、压汞法及气体吸附法。气体吸附

法适合测微细孔和中微孔，压汞法适合测大微孔。大微孔测定用光学显微镜，中微孔测定用电子显微镜。

1.4 核壳结构无机复合材料应用现状

核壳结构无机复合材料不仅能够减少稀有、高价材料的用量，还能加强其性能和耐用性，因此已经被广泛应用于吸波[33]、催化[34~36]、生物医学[37,38]、电极材料[39,40]、珠光云母[41]、填料[42,43]、废水处理[44,45]等多个领域。

1.4.1 吸波材料

吸波材料是指能吸收或减少投射在其表面的电磁波，以降低电磁波干扰的材料。该材料以其独特的优势被广泛应用于军事、航天等领域。核壳结构无机复合吸波材料的制备成本低、工艺简单、效率高，吸收效果好，具有良好的发展前景。Wang 等人[33]采用等离子放电法制备了碳包覆的核壳型 $C-Fe_3C/Fe$ 纳米复合材料，并将其与石蜡以 4∶1 的质量比例混合，该复合材料显示出较低的回波损耗（RL）和较宽的有效带宽，是一种低密度、强吸收和宽带宽的理想吸收体。

1.4.2 催化材料

核壳结构无机复合材料具有比表面积大、可提高催化剂的稳定性、能有效地减少材料的团聚、避免催化剂在反应中被腐蚀和可回收利用等优点，因此在催化领域有广阔的应用前景。Yousefi 等人[34]采用溶胶-凝胶法，制备了 Ag-Ag/ZnO 纳米结构光催化材料。该催化材料在紫外线辐射下的电子-空穴复合率较低；与 ZnO 和 TiO_2 样品对比，其对亚甲基蓝溶液的降解率最高，具有更好的活性。Xia 等人[35]通过对 Pd 改性，制备出 Pd-polyaniline 核壳结构复合材料，用来解决单一 Pd 催化剂易被腐蚀、作用时间短的问题。与商用的 Pd-C 催化材料相比，该材料对 HCOOH 的电氧化显现出更高的活性（高出 2.45 倍）。李春全等人[36]以凹凸棒石为载体，钛酸四丁酯为前驱体，采用溶胶-凝胶法制备了 $V-TiO_2/$凹凸棒石复合光催化材料，该复合光催化材料有效抑制了催化剂纳米粒子的团聚；400℃下煅烧 2h 的复合光催化材料对 10mg/L 的罗丹明 B 溶液降解效果最好。

1.4.3 生物医学材料

核壳结构材料有较大的表面积，孔径可以调节，因此可以作为吸附和固定各种酶的理想载体材料。目前，核壳结构复合材料已经被用于蛋白质检测、DNA 检测、生物成像、药物传递等方面。Wu 等人[37]设计了 MnCO-MPDA 核壳结构材料作为药物输送和癌症治疗的显像剂。MnCO 与肿瘤内 H_2O_2 反应，生成 Mn^+ 和 CO，两者均具有有效的抗肿瘤作用；而 MPDA 具有良好的显影效果。这种材料将药物和显像剂整合到一种材料中，具有很高的生物相容性，在抑制肿瘤生长方面也有显著的效果。De-Paula 等人[38]制备出 PCL-PEG/Gelatin/OGP 核壳结构型细胞支架，该材料能增加钙沉积和碱性磷酸酯（ALP）活性；与单一 PCL 相比，该材料能有效地抑制细菌（约两倍）且力学性能有所改善。

1.4.4　电极材料

核壳结构电极材料可以提高电极的导电性，降低电极的极化率。包覆的壳层可以防止电极被电解液腐蚀，防止电极材料溶解剥落，从而整体提高电池的综合性能。Hsu 等人[39]采用退火工艺制备出高性能 Si-G（石墨)-C 双壳结构阴极材料。该材料制成的电池（Si 含量 30%）在大于 500 次循环测试中，容量最高可达 650mAh/g，且不会衰减；壳层有效的抑制 Si 的膨胀，延长电池的寿命。Rajesh 等人[40]采用两步法制备了 MnO_2-TiO_2 核壳结构电极材料。与 TiO_2 对比，该电极材料电化学性能更好，制成的 MnO_2-TiO_2/活性炭非对称超级电容器比容值较高。

1.4.5　珠光云母颜料

"珠光云母"是云母粉表面包覆氧化钛、氧化铬和氧化钴后的产品，也称"着色云母"，主要应用于涂料、油墨、化妆品、玩具、造纸等领域。表面包覆氧化物的目的是赋予云母粉良好的光学效应和视觉效果，提高其应用价值[41]。

1.4.6　填料

当用于塑料、造纸、涂料等的填料存在白度低、磨耗高、相容性差、阻燃性低、抗静电性能差等问题时，可通过在填料表面包覆白度高、磨耗低、阻燃性好、抗静电好的纳米粉体，从而弥补填料存在的上述问题。Gai 等人[42]通过在粉煤灰表面包覆碳酸钙，提高了其白度、降低了磨耗、改善了空心微珠填充聚丙烯结合界面；Wang 等人通过在硅灰石表面包覆锑掺杂氧化锡制备了抗静电性好的复合粉体，硅灰石体积电阻率从 $3.36×10^{10}\Omega \cdot cm$ 降低到 $0.85×10^5\Omega \cdot cm$[43]。

1.4.7　废水处理

核壳结构复合粉体常常被用于吸附、降解废水中的有机物或吸附重金属离子。纳米粒子吸附废水中的有机物或吸附重金属离子时容易团聚、难回收，微米级粉体吸附性通常较小，因此，通常将纳米级粒子负载在微米级粉体表面解决以上两个问题。Hadadian 等人[44]将氧化锌负载在石墨烯表面用于吸附溶液中镍离子，石墨烯吸附量由 3.8mg/g 提高到 66.7mg/g。Chang 等人[45]采用共沉淀法制备了蒙脱石负载纳米四氧化三铁复合粉体，该复合粉体吸附亚甲基蓝效果较好，具有优异的稳定性和重复利用性。

参 考 文 献

［1］ 郑水林，王彩丽，李春全. 粉体表面改性［M］. 4版. 北京：中国建材工业出版社，2019.

［2］ Qiao M T, Lei X F, Ma Y, et al. Dependency of tunable microwave absorption performance on morphology-control［J］. Chemical Engineering Journal, 2016, 304：552.

［3］ 王静. 粉煤灰空心微珠基复合粉体的制备、表征及机理研究［D］. 山西：太原理工大学，2018.

［4］ Chu Sh, Guo X C, Li J, et al. Synthesis of Ga_2O_3/HZSM-5@ cubic ordered mesoporous SiO_2 with template Pluronic F127 to improve its catalytic performance in the aromatization of methanol ［J］. Journal of Porous Materials, 2017, 24（4）：1069~1078.

［5］ 陈启董，郭文利，戚利强. 高速气流冲击法制备陶瓷-金属复合粉体［J］. 中国粉体技术，2015, 21（1）：77~81.

［6］ 周婷婷，冯彩梅. 高速气流冲击法制备 BN 包覆 TiB_2 复合粉末［J］. 武汉理工大学学报，2004, 26（8）：1~3.

［7］ 韩兵强，李楠. 高能球磨法在纳米材料研究中的应用［J］. 耐火材料，2002, 36（4）：240~242.

［8］ Hoa N K, Abd R H, Rao S M. Preparation of nickel oxide-samarium-doped ceria carbonate composite anode powders by using high-energy ball milling for low-temperature solido oxide fuel cells ［J］. Materials Science Forum, 2016, 840：97~102.

［9］ 朱朝阳，张思，夏德斌，等. $AlFeF_3$ 复合燃料的制备及应用性能［J］. 含能材料，2019, 27（9）：720~728.

［10］ Maryam B, Jalil V K, Maykel M, et al. In-situ synthesis and characterization of nano-structured NiAl-Al_2O_3 composite during high energy ball milling［J］. Powder Technology, 2018, 329：95~106.

［11］ 吴翠平，纪鸿，管大元，等. 超细湿法搅拌磨研究现状与展望［J］. 中国粉体技术，2012, 18（增刊）：15~19.

［12］ 刘杰，郑水林，张晓波，等. 煅烧高岭土与钛白粉的湿法研磨复合工艺研究［J］. 化工矿物与加工，2009, 38（8）：14~16.

［13］ 陈加娜，叶红齐，谢辉玲. 超细粉体表面包覆技术综述［J］. 安徽化工，2006, 32（2）：12~15.

［14］ 李素娟，陈勐，郑星，等. 核壳型 PS@ ZnO 纳米复合材料的制备及其光催化性能［J］. 化工进展，2016, 35（8）：2513~2517.

［15］ Liu Y T, Liu R Z, Liu M L. Improved sintering ability of SiC ceramics from SiC@ Al_2O_3 core-shell nanoparticles prepared by a slow precipitation method［J］. Ceramics International, 2019, 45（6）：8032~8036.

［16］ Feng J B, Jiang W, Yuan C C, et al. Deposition-precipitation approach for preparing core/shell SiO_2@ Ni-Rh nanoparticles as an advanced catalyst for the dehydrogenation of 2-methoxy-cyclohexanol to guaiacol［J］. Applied Catalysis A：General, 2018, 562：106~113.

［17］ Wang M Q, Yan J, Cui H P, et al. Low temperature preparation and characterization of TiO₂ nanoparticles coated glass beads by heterogeneous nucleation method ［J］. Materials Characterization, 2013, 76: 39~47.

［18］ Wang D H, Bierwagen G R. Sol-gel coatings on metals for corrosion protection ［J］. Progress in Organic Coatings, 2009, 64 (4): 327~338.

［19］ Prerna M J, Anoop S, Sandeep A. Improved performance of solution processed organic solar cells with an additive layer of sol-gel synthesized ZnO/CuO core/shell nanoparticles ［J］. Journal of Alloys and Compounds, 2020, 814: 152292.

［20］ Herny A B, Rizky N P, Agus M H, et al. Synthesis and characterization of TiO₂@ SiO₂ and SiO₂@ TiO₂ core-shell structure using lapindo mud extract via sol-gel method ［J］. Procedia Engineering, 2017, 170: 65~71.

［21］ 韩强, 王晓辉, 陈艳, 等. 纳米二氧化钛的制备技术研究 ［J］. 广东化工, 2017, 44 (19): 24-25, 53.

［22］ 简刚, 刘美瑞, 张晨, 等. 用于高介电复合材料的全包裹 Ag@ TiO₂ 填充颗粒的制备 ［J］. 无机材料学报, 2019, 34 (6): 641~645.

［23］ Aditya C, Sundararajan T, Ramachandran V K. In-situ fabrication of TiO₂-C core-shell particles for efficient solar photocatalysis ［J］. Materials Today Communications, 2018, 17: 371~379.

［24］ Aditya C, Moolchand S, Sandeep K, et al. TiO₂@ C core@ shell nanocomposites: A single precursor synthesis of photocatalyst for efficient solar water treatment ［J］. Journal of Hazardous Materials, 2020, 381: 120883.

［25］ 高洪国, 葛凤燕, 吴猛, 等. SiO₂@ Ag 核壳结构纳米粒子的制备及其应用研究进展［J］. 材料导报, 2015, 29 (7): 6~14.

［26］ Song C H, Kim Y M, Ju B K, et al. Preparation of core-shell microstructures using an electroless plating method ［J］. Materials & Design, 2016, 89: 1278~1282.

［27］ Yoshio K, Yuya I, Hideyuki Y, et al. Fabrication of TiO₂/Pt core-shell particles by electroless metal plating ［J］. Colloids and Surfaces A: Physico-chemical and Engineering Aspects, 2014, 448: 88~92.

［28］ Yuya I, Yoshio K, Ken-ichi W, et al. Fabrication of silica/platinum core-shell particles by electroless metal plating ［J］. Advanced Powder Technology, 2019, 30 (4): 829~834.

［29］ 李雪, 孙志明, 李春全, 等. 化学浸渍法制备 CdS/高岭土复合材料及其光催化性能 ［J］. 矿业科学学报, 2017, 2 (6): 588~594.

［30］ 王珊, 王高峰, 孙文, 等. 伊利石负载纳米碳复合材料的制备及其对 Cr (Ⅵ) 的吸附性能研究 ［J］. 硅酸盐通报, 2016, 35 (10): 3275~3279.

［31］ Wang C L, Wang J, Bai L Q, et al. Preparation and characterization of fly ash coated with zinc oxide nanocomposites ［J］. Materials, 2019, 12 (21): 3550.

［32］ Wang C L, Wang D, Zheng S L. Preparation of aluminum silicate/fly ash particles composite and its application in filling polyamide 6 ［J］. Materials Letters, 2013, 111: 208~210.

［33］ Wang L, Xiong H D, Rehman S U, et al. Optimized microstructure and impedance matching for improving the absorbing properties of core-shell C@ Fe$_3$C/Fe nanocomposites [J]. Journal of Alloys and Compounds, 2019, 780: 552~557.

[34] Yousefi H R, Hashemi B. Photocatalytic properties of Ag@ Ag-doped ZnO core-shell nanocomposite [J]. Journal of Photochemistry and Photobiology A: Chemistry, 2019, 375: 71~76.

[35] Xia Y Y, Liu N, Sun L, et al. Networked Pd (core) @ polyaniline (shell) composite: Highly electro-catalytic ability and unique selectivity [J]. Applied Surface Science, 2018, 428: 809~814.

[36] 李春全, 艾伟东, 孙志明, 等. V-TiO$_2$/凹凸棒石复合光催化材料的制备与研究 [J]. 人工晶体学报, 2016, 45 (3): 655~660.

[37] Wu D, Duan X H, Guan Q Q, et al. Mesoporous polydopamine carrying manganese carbonyl responds to tumor microenvironment for multimodal lmaging-guided cancer therapy [J]. Adv. Funct. Mater., 2019, 29 (16): 1900095.

[38] De-Paula M M M, Afewerki S, Viana B C, et al. Dual effective core-shell electrospun scaffolds: Promoting osteoblast maturation and reducing bacteria activity [J]. Materials Science and Engineering C, 2019, 103: 109778.

[39] Hsu Y C, Hsieh CC, Liu W R. Synthesis of double core-shell carbon /silicon/graphite composite anode materials for lithium-ion batteries [J]. Surface and Coatings Technology, 2020, 387: 125528.

[40] Rajesh R, Kwang S R. Homogeneous MnO$_2$@ TiO$_2$ core-shell nanostructure for high performance supercapacitor and Li-ion battery applications [J]. Journal of Electroanalytical Chemistry, 2020, 856: 113669.

[41] 郑水林. 非金属矿加工与应用 [M]. 3 版. 北京: 化学工业出版社, 2013.

[42] Yang Y F, Gai G S, Cai Z F, et al. Surface modification of purified fly ash and application in polymer [J]. Journal of Hazardous Materials, 2006, B133 (1-3): 276~282.

[43] Wang C L, Wang D, Yang R Q, et al. Preparation and electrical properties of wollastonite coated with antimony-doped tin oxide nanoparticles [J]. Powder Technology, 2019, 342: 397~403.

[44] Hadadian M, Goharshadi E K, Fard M M, et al. Synergistic effect of graphene nanosheets and zinc oxide nanoparticles for effective adsorption of Ni (Ⅱ) ions from aqueous solutions [J]. Applied Physics A: Materials Science & Processing, 2018, 124 (3): 239.

[45] Chang J L, Ma J C, Ma Q L, et al. Adsorption of methylene blue onto Fe$_3$O$_4$/activated montmorillonite nanocomposite [J]. Applied Clay Science, 2016, 119: 132~140.

2 硅灰石基抗静电复合粉体制备及应用

静电是物质本身具有的内在性质。物质间的相互接触摩擦、感应等外部因素的作用是物质产生静电作用的原因。

大量研究表明，石墨、炭黑、金属和一些金属氧化物的电阻率小于 $10^3\Omega\cdot cm$，这些物质是电的良导体，不会产生电荷的聚集，因此不会有静电产生；当物质的电阻率在 $10^3\sim10^7\Omega\cdot cm$ 之间时，仅有很少量的电荷会产生积累，一般也不会产生静电；一些无机非金属材料，工厂里的一些机械设备，日常生活中的纺织品、汽车、冰箱等一些生活用品最容易积累静电，这些物质的电阻率在 $10^7\sim10^{12}\Omega\cdot cm$ 之间，是研究避免静电危害的重点领域；但是当物质的电阻率大于 $10^{12}\Omega\cdot cm$ 时，如果产生静电，就会很难消除，这些静电会给人们的日常生活带来许多危害。

解决静电危害最直接的方法是降低材料的电阻率。减小材料电阻率的方法主要有：（1）外部涂敷法：在材料表面涂覆抗静电剂是防止静电危害的一种主要措施[1]。将带电材料分散在水或者有机溶剂中配制成溶液，通过喷涂、浸泡、涂抹的方式用配制好的溶液处理制品表面，从而达到抗静电的效果，如在衣物、饰品表面，通过喷洒或涂敷抗静电剂的溶液来达到预防静电的效果。这种方法操作简单、用时短、效果明显，可应用的范围广，但是采用这种方法得到的抗静电材料容易受碰撞、摩擦等机械力的作用而使抗静电层磨损，随着时间的延续抗静电效果慢慢降低[2]。（2）添加型抗静电剂法：在物质的制备过程中将导电填料添加到物体中，从而使制备的物体具有抗静电的性能。在制备塑料、涂料、纸张等材料过程中加入一些像金属氧化物、石墨、碳纳米管等导电填料，可以在基体中形成导电网络，从而降低塑料等高聚物的电阻率。添加型比外部涂敷型抗静电剂用量少且耐用，通常在绝缘体当中加入很少的导电填料，便能得到持久的抗静电性能[2~6]。

导电填料按其元素组成可分为碳系和金属系两大类[7]。碳类导电填料颜色一般较深，其中碳纤维是具有较高强度和模量的新型耐高温纤维，其电导率受温度的影响很大，可以通过改变热处理温度来改变碳纤维电阻率的大小；炭黑是目前广泛使用并重点开发的导电填料，但是炭黑粒径较小，在复合材料中的分散性不好，而且颜色较深不能用于浅色导电材料，限制了其广泛应用[8]；石墨作为导电填料的应用较早，但是石墨的层状结构，使其作为填料使用时易分层，对材料的工艺和力学性能有较大的影响，影响了导电性能。金属系导电填料主要包括一些金属单质和纤维，还有一些金属氧化物等，金银等用作导电填料克服了炭黑等填充造成制品颜色较深的缺点，但是金粉、银粉价格较高主要用在一些对电阻率有严格要求或需要电磁屏蔽的地方，金属单质中的铜、镍等在氧化环境中易被氧化，因而随着时间的推移电阻率会升高；金属纤维主要用在一些防辐射衣物中，可以起到屏蔽电磁辐射的功效，但是金属纤维难分散，颜色单一；金属氧化物由于色泽浅、易着色、化学性能稳定被广泛应用于一些精密仪器的生产中[9]，但是其制备成本高、易团聚。根据"粒子设计"思想，以价格较低的白色非金属矿粉体为基体，以金属氧化物为壳制备核壳结构复合粉体可以解决非金属矿粉体抗静电性能差、金属氧化物易团聚、成本高的问题[10]。

聚氯乙烯（PVC）由于具有良好的稳定性、介电性、绝缘性，耐用、抗老化、价格低廉、易加工等优点，在煤矿井下用作输送带材料。但是PVC导电性较差，表面电阻高达$10^{14} \sim 10^{17}\Omega$，在高负荷状态下，PVC输送带与滚筒之间频繁接触与脱离，造成摩擦，引起静电大量积聚，造成火灾和爆炸。常见的煤矿抗静电对策包括保护接地、提高湿度和增加导电填料，以满足输送带表面电阻小于$3 \times 10^{8}\Omega$[11]。在现阶段，阳离子型抗静电剂季铵盐被用来填充PVC提高其抗静电性能，但季铵盐阳离子耐热性较差，加快了PVC树脂的老化速度。因此，兼顾PVC传输带具体生产条件，学者们开始研究非离子型静电剂在PVC中的抗静电性能研究。田瑶珠等人[12]通过在PVC基体中加入导电炭黑和EVA制备了PVC-EVA/炭黑导电复合材料。结果表明：添加EVA的PVC/炭黑材料的表面电阻率显著降低，其导电性明显好于只添加炭黑的PVC复合材料；以EVA为炭黑母粒添加的PVC复合材料，分布在EVA中的炭黑粒度较小，呈丝状物分布在PVC材料中。然而导电炭黑价格相对非金属矿粉仍然相对较贵，制备的导电复合材料成本较高。

纳米锑掺杂氧化锡（ATO）因其优良的导电性能在抗静电塑料、涂料等方面得到了广泛应用[13]，然而其制备成本较高、易团聚。根据"粒子设计"思想，Hu P W等人[14]通过在高岭土颗粒表面包覆ATO颗粒制备了电阻率小于$10\Omega \cdot cm$的导电复合粉体；Wang L S等人[15]通过化学共沉淀法在滑石表面均匀的包覆了一层ATO纳米颗粒，在最佳实验条件下制得的复合粉体电阻率小于$10\Omega \cdot cm$。

硅灰石是一种白色针状、纤维状偏硅酸钙盐矿物，有较高的白度、无毒和独特的物理化学性能，可以替代一部分与硅灰石形态相似但价格较高的材料如短玻璃纤维等应用于塑料等领域。它可提高树脂基体的机械和摩擦性能，改善塑料表面的光滑性和调整塑料材料的流变性，提高纸张的平滑度、白度和强度，具有化学性质稳定、机械强度高、与树脂基料和表面改性剂亲和力较好等特点[16,17]。但是，针状硅灰石是一种绝缘体，导电性较差，应用于树脂中时，对树脂表面的静电现象起不到改善的作用。

　　本章以三氯化锑和四氯化锡为反应剂，通过化学共沉淀法在硅灰石表面包覆一层纳米锑掺杂氧化锡（ATO）粒子，合成了一种硅灰石基抗静电复合材料；介绍了不同工艺条件对复合粉体体积电阻率的影响；将复合粉体填充聚合物，讨论了复合粉体对填充聚合物体积电阻率和表面电阻率的影响。

2.1　硅灰石基抗静电复合粉体制备及表征

2.1.1　实验原料

　　以 1250 目（10μm）硅灰石（江西上高华杰泰矿纤科技有限公司）为研究对象，白度为 91.5%，比表面积为 $1.41m^2/g$，粒度分布为 $D_{50} = 10.81\mu m$，$D_{90} = 42.21\mu m$，$D_{97.5} = 83.26\mu m$。硅灰石中含有石英（质量分数为 4.2%）、方石英（质量分数为 1.0%）、方解石（质量分数为 5.8%）。盐酸（质量分数为 36%~38%），市售。五水四氯化锡（$SnCl_4 \cdot 5H_2O$）（北京化学药剂有限公司），分析纯；氯化锑（$SbCl_3$）（北京化学药剂有限公司），分析纯；聚氯乙烯 PVC（陕西北元化工厂），基料；ACR（陕西北元化工厂），增塑剂；复合铅稳定剂（嵊州市轻工塑料化工厂），稳定剂；氧化聚乙烯蜡 OPE（上海微谱化工有限公司），外润滑剂；硬脂酸 HSt（陕西北元化工厂），内润滑剂；氯化聚乙烯 CPE（嵊州市轻工塑料化工厂），抗冲改性剂；邻苯二甲酸二辛酯 DOP（北京化学药剂有限公司），增塑剂；炭黑（天津金秋实化工有限公司），基料；乙烯-醋酸乙烯共聚物 EVA（日本三井 VA28），基料。

　　实验设备：LSY 电子恒温水浴锅（北京医疗设备厂）；HL-2B 型数显恒流泵（上海沪西分析仪器厂有限公司）；XKSW-4D-H 型电阻炉温度控制器（上海贺德实验设备厂）；CEST-121 型体积、表面电阻测定仪（北京冠测试验仪器有限公司）；XSS300 转矩流变仪（上海科创橡塑机械设备有限公司）；ZC-90E 高绝缘电阻测量仪（上海安标电子有限公司）；20t 油压千斤顶（嘉兴市赛天机械有限公司）；6170C 压片机（宝伦精密检测仪器有限公司）；MiniFlex600 X 射线衍射仪（日本 Rigaku 公司）；TENSOR27 红外光谱测试仪（德国布鲁克公司）；JEM-2100F 透射电子显微镜（JEOL 日本电子公司）；ST-2000 型 BET 氮吸附比表面积仪（北京市北分仪器技术公司）；WSB-2 型数显白度仪（上海昕瑞仪器仪表有限公司）；S3500 型激光散射粒度分析仪（美国麦奇克有限公司）；JSM-7001F 型扫描电子显微镜（日本电子公司）；JS94H 型微型电泳仪（上海中晨数字技术有限公司）。

2.1.2　实验方法

　　将硅灰石和蒸馏水按一定的质量比例加入三口烧瓶中，以一定的滴速分别滴加四氯化锡与三氯化锑的混合溶液和一定浓度的氢氧化钠溶液，以保持整个体系的 pH 值恒定，在此过程中不断搅拌，滴加完成后继续加热搅拌一定时间，反应结束后将反应产物过滤、洗涤、干燥、打散、煅烧，即得到锑掺杂氧化锡包覆的硅灰石复合粉体。

2.1.3 样品表征方法

为了判断 ATO 是否包覆在硅灰石上，采用激光粒度仪测定包覆前后复合粉体粒度，硅灰石原矿的 $D_{50} = 10.87\mu m$，$D_{90} = 42.21\mu m$，$D_{97.5} = 83.26\mu m$，若纳米 ATO 包覆后硅灰石的粒度 $D_{50} > 10.87\mu m$，$D_{90} > 42.21\mu m$，$D_{97.5} > 83.26\mu m$，说明硅灰石表面已经包覆了纳米 ATO。

采用扫描和透射电子显微镜观察包覆前后复合粉体的微观形貌；采用 BET 氮吸附比表面积仪测定复合粉体材料的比表面积；采用数显白度仪测定复合粉体白度；采用红外光谱仪测定包覆前后硅灰石的官能团变化；采用 X 射线衍射仪测定不同煅烧温度下包覆前后硅灰石复合粉体的晶体结构。

2.1.4 工艺条件对复合粉体体积电阻率影响

2.1.4.1 锑掺杂氧化锡在硅灰石表面的包覆量

锑掺杂氧化锡在硅灰石表面的包覆量是指 SnO_2 与 Sb_2O_3 转化为锑掺杂氧化锡的理论质量与硅灰石质量的比值。

图 2-1 为不同包覆量下硅灰石基复合粉体体积电阻率。其他工艺条件为：硅灰石与水固液比为 1∶15（质量比），700℃煅烧 2h，$SbCl_3$ 与 $SnCl_4 \cdot 5H_2O$ 物质的量比为 1∶8，pH 值为 7，反应温度为 60℃，$SbCl_3$ 与 $SnCl_4 \cdot 5H_2O$ 混合溶液和

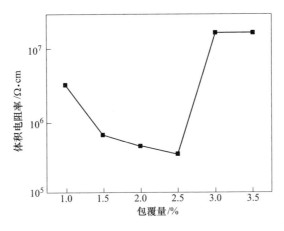

图 2-1 不同包覆量下硅灰石基复合粉体体积电阻率

NaOH 溶液滴加速度分别为 1mL/min，反应时间为 30min，SbCl$_3$ 与 SnCl$_4$·5H$_2$O 混合溶液中五水四氯化锡的浓度为 0.4mol/L，SbCl$_3$ 的浓度由 SbCl$_3$ 与 SnCl$_4$·5H$_2$O 物质的量比决定，NaOH 溶液浓度为 3mol/L。

由图 2-1 可以看出，当锑掺杂氧化锡在硅灰石表面的包覆量为 1% 时，硅灰石基复合粉体体积电阻率较大（$3.26\times10^6\Omega\cdot cm$）；当锑掺杂氧化锡在硅灰石表面的包覆量小于 2.5% 时，随着包覆量的升高，复合粉体体积电阻率降低，当锑掺杂氧化锡在硅灰石表面的包覆量为 2.5% 时，复合粉体体积电阻率达到最低（$3.54\times10^5\Omega\cdot cm$）；当包覆量由 2.5% 增加到 3.0% 时，硅灰石基复合粉体体积电阻率变大，这可能是由于包覆层离子浓度增大，成核推动力增大，溶液中离子如 OH$^-$ 等与包覆层离子形成均匀的成核沉淀，进而使硅灰石表面的成核反应难进行，体积电阻率变大。因此，适宜的包覆量在 2.5%。

2.1.4.2 pH 值

图 2-2 为不同 pH 值下硅灰石基复合粉体体积电阻率。其他工艺条件为：锑掺杂氧化锡在硅灰石表面的包覆量为 2.5%，硅灰石与水固液比为 1∶15（质量比），700℃煅烧 2h，SbCl$_3$ 与 SnCl$_4$·5H$_2$O 物质的量比为 1∶8，反应温度为 60℃，SbCl$_3$ 与 SnCl$_4$·5H$_2$O 混合溶液和 NaOH 溶液滴加速度分别为 1mL/min，反应时间为 30min，SbCl$_3$ 与 SnCl$_4$·5H$_2$O 混合溶液中五水四氯化锡的浓度为 0.4mol/L，SbCl$_3$ 的浓度由 SbCl$_3$ 与 SnCl$_4$·5H$_2$O 物质的量比决定，NaOH 溶液浓度为 3mol/L，用 HCl（质量分数为 35%~36%）和氢氧化钠调节硅灰石溶液的 pH 值。

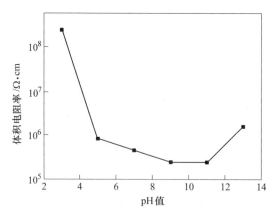

图 2-2　不同 pH 值下硅灰石基复合粉体体积电阻率

pH 值影响 SnO$_2$ 的成核作用和晶体生长过程[18]。在包覆阶段，必须控制反应速度，因为 pH 值对晶体生长有两方面的影响：（1）pH 值影响水解产物的生成速率和晶粒的大小；（2）pH 值可以改变硅灰石和氢氧化锑与氢氧化锡表面带电特性，从而影响锑掺杂氧化锡的吸附特性。

由图 2-2 可以看出，pH 值对硅灰石基复合粉体的体积电阻率有较大的影响。当 pH 值在 7~11 时复合粉体体积电阻率较低。当 pH 值在 2~5 时，在酸性条件下 Sn^{4+} 与 Sb^{5+} 水解反应受到抑制，水解反应不完全；当 pH 值大于 11 时，OH^- 浓度升高，Sn^{4+} 与 Sb^{5+} 水解速率加快，$Sn(OH)_4$ 和 $Sb(OH)_3$ 发生均相成核，难吸附于硅灰石的表面，导致硅灰石基复合粉体体积电阻率升高。因此 pH 值应控制在 7~11。

2.1.4.3 煅烧温度

图 2-3 为不同煅烧温度下硅灰石基复合粉体体积电阻率。其他工艺条件为：锑掺杂氧化锡在硅灰石表面的包覆量为 2.5%，硅灰石与水固液比为 1∶15（质量比），煅烧时间为 2h，$SbCl_3$ 与 $SnCl_4 \cdot 5H_2O$ 物质的量比为 1∶8，反应温度为 60℃，pH 值为 7，$SbCl_3$ 与 $SnCl_4 \cdot 5H_2O$ 混合溶液和 NaOH 溶液滴加速度分别为 1mL/min，反应时间为 30min，$SbCl_3$ 与 $SnCl_4 \cdot 5H_2O$ 混合溶液中五水四氯化锡的浓度为 0.4mol/L，$SbCl_3$ 的浓度由 $SbCl_3$ 与 $SnCl_4 \cdot 5H_2O$ 物质的量比决定，NaOH 溶液浓度为 3mol/L。

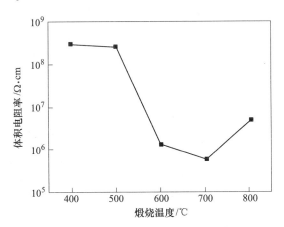

图 2-3 不同煅烧温度下硅灰石基复合粉体体积电阻率

由图 2-3 可知，当煅烧温度在 500~700℃ 时，随着煅烧温度的升高，硅灰石复合粉体体积电阻率显著较低。当煅烧温度为 700℃ 时，体积电阻率最低为 $5.90 \times 10^5 \Omega \cdot cm$，当温度由 700℃ 继续升高时，复合粉体体积电阻率明显升高。

有固体物质参与的反应一般称为固相反应。其过程一般包括反应物扩散接触、生成新物质和晶体长大三个阶段。固相掺杂反应与物质的结构、扩散速度、导电载流子的浓度和原子、离子间的化学键等条件有关，它和一般的化学反应一样受温度的影响，温度越高，扩散越快，掺杂反应越快。若煅烧温度过低，导电载流子 [Sb^{5+}] 的浓度也较低，样品的晶粒较小，晶体中存在着大量的晶体边界和晶体缺陷，影响了电子的迁移速率，导致固相掺杂反应不完全，不能产生较多的导电氧空位，体积电阻率较高；当温度逐渐升高时，载流子 [Sb^{5+}] 浓度变大，SnO_2 晶体在 600℃ 时晶化已趋完全，结晶度变高，晶体结构趋于完整，晶型也越来越好，晶体缺陷对载流子迁移速率的影响越来越小，复合粉体体积电阻率明显降低；当温度过高时，由于载体和包覆层的热膨胀系数不同，导电包覆层有可能脱落，过高的温度使硅灰石结构发生变化，提高了复合粉体的体积电阻率。

在硅灰石基抗静电复合粉体制备过程中，溶液中 Sb^{3+}、Sn^{4+} 与 OH^- 发生反应生成 $Sb(OH)_3$ 和 $Sn(OH)_4$ 沉淀，包覆在硅灰石表面。$Sb(OH)_3$ 和 $Sn(OH)_4$ 沉淀都不导电，只有经过高温处理转变为金红石结构的 $Sb\text{-}SnO_2$ 才具有导电性。

图 2-4 为不同煅烧温度下硅灰石基抗静电复合粉体的 XRD 图谱。由图 2-4 可以看出，未经过煅烧的复合粉体还未发生晶体分化。随着煅烧温度的不断升高，可以将固相反应分为以下几个阶段[19]：

（1）隐蔽期：当复合粉体煅烧温度为 500℃ 时，硅灰石表面的 $Sb(OH)_3$ 和 $Sn(OH)_4$ 沉淀在高温作用下分解为 SnO_2 和 Sb_2O_3。在 $2\theta = 26.999°$（112）和 $2\theta = 25.461°$（111）、$2\theta = 27.621°$（222）等处出现四方金红石结构 SnO_2 和 Sb_2O_3 物相，其中 Sb_2O_3 物相的衍射峰强度为 352。

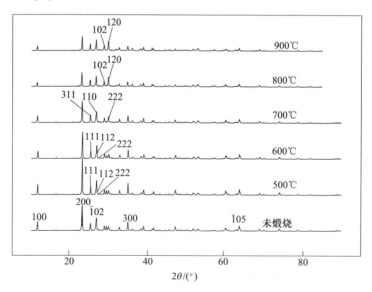

图 2-4　不同煅烧温度下硅灰石基复合粉体的 XRD 图谱

（2）第一活化期：当复合粉体煅烧温度为 600℃ 时，硅灰石仍为空间群为 $P1$ 的三斜晶系，X 射线衍射强度较 500℃ 时出现了小幅度的下降，除了有 SnO_2

（112）四方晶相外，Sb_2O_3 晶相在（222）晶面出现，且衍射峰强度为24，与 500℃时相比 Sb_2O_3 含量明显变小，同时在（111）晶面出现了锑的分相，经检测 发现为 Sb_2O_4，其衍射峰强度为313，它的晶体结构为斜方白安矿型，其中四价 锑是由 Sb^{3+} 和 Sb^{5+} 组成，说明在高温条件下一部分三价锑转变为五价锑。此时衍 射峰强度减少，说明此时 SnO_2 晶体结构已趋完整，但还存在较大的晶体缺陷。

（3）二次活化期：当复合粉体煅烧温度为700℃时，X 射线衍射强度出现了 明显变化，此时出现了空间群为 $P21$ 型的单斜晶系硅灰石，硅灰石晶体结构发生 改变，衍射峰强度明显变小。在 $d = 0.29761$（120）晶面处的衍射峰明显加强，在 $2\theta = 25.958°$（311）和 $2\theta = 30.019°$（222）晶面处出现了 Sb_2O_5 的衍射峰，$2\theta = 26.800°$（110）晶面处出现了 $Sn_{0.918}Sb_{0.109}O_2$ 固溶体的衍射峰，此时固溶体的 晶胞参数为 $a = b = 4.737nm$，$c = 3.182nm$。而 SnO_2 晶格的晶胞参数为 $a = 4.737nm$，$b = 5.708nm$，$c = 15.865nm$。Sb^{5+} 的半径（6.5×10^{-11} m）要小于 Sn^{4+}（7.1×10^{-11} m）和 Sb^{3+}（9.1×10^{-11} m）的半径，说明进入 SnO_2 内部与之发生反 应的主要为 Sb^{5+}，所以主晶体的晶格参数会变小。Sb^{5+} 进入 SnO_2 晶体形成 n 型半 导体，由于加入的 Sb 相对于 SnO_2 较少，所以基体晶格可以看作是 SnO_2 晶格，Sb 的组分可以变化但并不会破坏 SnO_2 晶体的晶格结构，仍然可以看做是一个晶 相。根据休姆-罗瑟里规律，组成固溶体的元素 Sb^{5+}、Sn^{4+} 尺寸差小于15%，所 以两者之间形成的是连续固溶体，又因为 Sb_2O_5、SnO_2 晶体结构不同，两者之间 形成的只能是有限固溶体，反应见式（2-1）。

$$Sb_2O_5 \xrightarrow{SnO_2} 2Sb_{Sn}^{\bullet} + 4O_0 + \frac{1}{2}O_2 + 2e' \tag{2-1}$$

Sb^{5+} 会替代 SnO_2 晶格顶点上的 Sn^{4+}，形成两个正电荷中心的 $Sb_{Sn}^{\bullet}$ 和两个自由 电子，当对材料施加外加电场时，自由电子定向移动，也会有一小部分 Sb^{3+} 会替 代晶体晶格节点上的 Sn^{4+}，形成两个负电荷中心的 Sb_{Sn}' 和两个带正电荷的氧空 位，即产生一个电子-空穴对，缺陷反应见式（2-2）。

$$Sb_2O_3 \xrightarrow{SnO_2} 2Sb_{Sn}' + V_0^{\bullet\bullet} + 3O \tag{2-2}$$

由式（2-2）可知，缺陷反应产生了氧空位，空位相当于正电荷，当电子运 动时，空位会反向移动，这种正负电荷定向移动就产生了电流，因此复合粉体体 积电阻率在700℃时会降低。

（4）晶体生长期：当煅烧温度达到800℃时，衍射峰主晶面（200）出现的 角度 2θ 变小（如500℃时 $2\theta = 23.298°$，而800℃时 $2\theta = 23.100°$），说明晶格变 大。SnO_2 晶体中掺入了半径较大的杂质原子，（102）和（120）两个峰的衍射强 度变大，晶化特征改变明显。一部分三斜晶系硅灰石转化为单斜晶系硅灰石，硅 灰石存在较大的晶体缺陷，所以（200）晶面处的衍射峰强度变小。此时出现了 较强的 SnO_2 的谱线峰（120）和 Sb_2O_4 的谱线峰（102），表明 SnO_2、Sb_2O_4 晶核正逐步成长为晶体，斜方晶系的 Sb_2O_4 晶核在硅灰石表面变多，表明固相掺杂反应已经达到饱和，而且硅灰石晶体结构也发生了变化，会对电子的移动产生阻碍作用，所以复合粉体体积电阻率会有所增加。

（5）反应物晶格结构校正：当煅烧温度达到 900℃ 时，Sb_2O_4 和 SnO_2 的谱线增强，并出现了 Sb_2O_5 的晶相，此时 SnO_2 晶体结构上的缺陷仍然存在，继续升高温度就可以使缺陷得到校正，形成正常的金红石结构。由于晶体缺陷减少，反应活性降低，自由电子减少，所以复合粉体的电阻率会随着缺陷的减少而增大。

通过分析不同煅烧温度下复合粉体的 XRD 可知，硅灰石复合粉体抗静电是通过 SnO_2 和 Sb_2O_3 在硅灰石表面固相掺杂反应中的电子移动而实现的。

2.1.4.4　煅烧时间

图 2-5 为不同煅烧时间下（此处煅烧时间是将马弗炉升温到指定温度后开始计时的时间）硅灰石基复合粉体体积电阻率。其他工艺条件为：锑掺杂氧化锡在硅灰石表面的包覆量为 2.5%，硅灰石与水固液比为 1∶15（质量比），煅烧温度为 700℃，$SbCl_3$ 与 $SnCl_4 \cdot 5H_2O$ 物质的量比为 1∶8，反应温度为 60℃，pH 值为7，$SbCl_3$ 与 $SnCl_4 \cdot 5H_2O$ 混合溶液和 NaOH 溶液滴加速度分别为 1mL/min，反应时间为 30min，$SbCl_3$ 与 $SnCl_4 \cdot 5H_2O$ 混合溶液中五水四氯化锡的浓度为 0.4mol/L，$SbCl_3$ 的浓度由 $SbCl_3$ 与 $SnCl_4 \cdot 5H_2O$ 物质的量比决定，NaOH 溶液浓度为3mol/L。

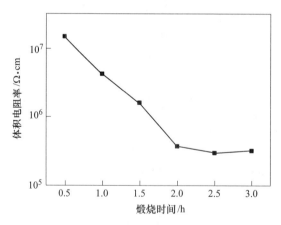

图 2-5　不同煅烧时间下硅灰石基复合粉体体积电阻率

由图 2-5 可以看出，随着煅烧时间的延长，硅灰石基复合粉体的体积电阻率显著减小。当煅烧时间小于 2h 时，煅烧时间越长，复合粉体抗静电性能越好，大约 2h 后，体积电阻率基本恒定。从节约时间和成本的角度来看，煅烧时间控制在 2h 最好，此时复合粉体体积电阻率为 $3.74 \times 10^5 \Omega \cdot cm$。

煅烧时间较短时，固相掺杂反应不充分，固相颗粒之间靠毛细管力相互吸附，此时颗粒之间不够致密，包覆层较疏松，体积电阻率较大。随着煅烧时间的延长，包覆层变得致密化，体积电阻率会降低；当煅烧的时间过长时，ATO 晶粒会持续地增长，出现晶粒的异常长大或者二次结晶，使晶体的体积密度降低，破坏形成的导电网络，使成核势垒增大，体积电阻率会有稍微增大的趋势。

2.1.4.5 硅灰石与水固液比

图 2-6 为不同硅灰石与水固液比时硅灰石基复合粉体体积电阻率。其他工艺条件为：锑掺杂氧化锡在硅灰石表面的包覆量为 2.5%，700℃煅烧 2h，$SbCl_3$ 与 $SnCl_4 \cdot 5H_2O$ 物质的量比为 1:8，反应温度为 60℃，pH 值为 7，$SbCl_3$ 与 $SnCl_4 \cdot 5H_2O$ 混合溶液和 NaOH 溶液滴加速度分别为 1mL/min，反应时间为 30min，$SbCl_3$ 与 $SnCl_4 \cdot 5H_2O$ 混合溶液中五水四氯化锡的浓度为 0.4mol/L，$SbCl_3$ 的浓度由 $SbCl_3$ 与 $SnCl_4 \cdot 5H_2O$ 物质的量比决定，NaOH 溶液浓度为 3mol/L。由图 2-6 可以看出，当硅灰石与水固液比较大时（1:5），颗粒在水中分散性较差；随着硅灰石与水固液比的减小，颗粒在水中分散性变好，复合粉体体积电阻率减小。当硅灰石与水固液比为 1:10 时，复合粉体体积电阻率降低速度放缓，因此硅灰石与水固液比控制在 1:15~1:10 之间较好。

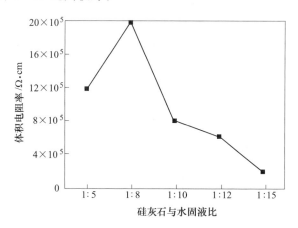

图 2-6 不同硅灰石与水固液比时硅灰石基复合粉体体积电阻率

2.1.4.6 反应温度

图 2-7 为不同反应温度时硅灰石基复合粉体体积电阻率。其他工艺条件为：锑掺杂氧化锡在硅灰石表面的包覆量为 2.5%，700℃煅烧 2h，硅灰石与水固液比为 1:15，$SbCl_3$ 与 $SnCl_4 \cdot 5H_2O$ 物质的量比为 1:8，pH 值为 7，$SbCl_3$ 与

SnCl$_4$·5H$_2$O 混合溶液和 NaOH 溶液滴加速度分别为 1mL/min，反应时间为 30min，SbCl$_3$ 与 SnCl$_4$·5H$_2$O 混合溶液中五水四氯化锡的浓度为 0.4mol/L，SbCl$_3$ 的浓度由 SbCl$_3$ 与 SnCl$_4$·5H$_2$O 物质的量比决定，NaOH 溶液浓度为 3mol/L。

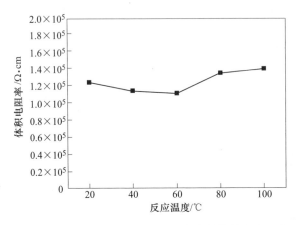

图 2-7　不同反应温度时硅灰石基复合粉体体积电阻率

由图 2-7 可知，复合粉体的体积电阻率随温度变化很小。SbCl$_3$ 与 SnCl$_4$·5H$_2$O 水解是放热过程，虽然提高温度可以加快其反应速率，但是温度过高，会抑制水解反应生成锑掺杂氧化锡，且易于生成团聚体，不利于包覆过程。相比而言，低的水解温度更易于锑掺杂氧化锡颗粒在硅灰石表面形成均匀包覆。综合考虑，选取反应温度为 60℃，此时硅灰石基复合粉体体积电阻率最小，为 1.12×10^{5}Ω·cm。

2.1.4.7　Sb∶Sn 摩尔比

图 2-8 为不同 Sb∶Sn 摩尔比时硅灰石基复合粉体体积电阻率。其他工艺条件为：锑掺杂氧化锡在硅灰石表面的包覆量为 2.5%，700℃煅烧 2h，硅灰石与水固液比为 1∶15，反应温度为 60℃，pH 值为 7，SbCl$_3$ 与 SnCl$_4$·5H$_2$O 混合溶液和 NaOH 溶液滴加速度分别为 1mL/min，反应时间为 30min，SbCl$_3$ 与 SnCl$_4$·5H$_2$O 混合溶液中五水四氯化锡的浓度为 0.4mol/L，SbCl$_3$ 的浓度由 SbCl$_3$ 与 SnCl$_4$·5H$_2$O 物质的量比决定，NaOH 溶液浓度为 3mol/L。

硅灰石基复合粉体体积电阻率的改变主要取决于 Sb^{3+} 和 Sb^{5+} 之间的竞争。Sb^{3+} 半径（$r = 9.1×10^{-11}$m）比 Sn^{4+}（$r = 7.1×10^{-11}$m）的半径大，Sb^{5+} 半径（$r = 6.5×10^{-11}$m）比 Sn^{4+} 的半径小，因此 Sb^{3+} 和 Sb^{5+} 的含量会改变 SnO$_2$ 晶体晶格。由图 2-8 可以看出，掺杂很少量的锑，硅灰石基复合粉体体积电阻率就可以显著降低。当 Sb∶Sn 摩尔比小于 1∶12 时（1∶15），生成的 Sb$_2$O$_3$ 的含量较少，因此固相反应生成的氧空位较少，锑掺杂氧化锡不能提供足量的导电载流子，SnO_2 半导体化程度较低，复合粉体体积电阻率较大；随着 Sb∶Sn 摩尔比增大，复合粉体体积电阻率开始降低，当 Sb∶Sn 摩尔比在 1∶12～1∶8 时，硅灰石基复合粉体体积电阻率变化幅度不大，当 Sb∶Sn 摩尔比为 1∶8 时达到最低；这是因为 Sb^{3+} 转换为 Sb^{5+} 的过程中会释放大量的自由电子，故增大 Sb^{3+} 的浓度可增大 Sb^{5+} 的浓度，使导电载流子的浓度也增大；另一方面，载流子沿着与 SnO_2 同一晶面运动，运动阻力小，因此硅灰石基复合粉体抗静电性能变好；当 Sb∶Sn 摩尔比大于 1∶8 时，随着 Sb∶Sn 摩尔比增大（1∶5），硅灰石基复合粉体的体积电阻率增大，这是因为部分 Sb^{5+} 被还原为 Sb^{3+}，载流子浓度减小，而且高的掺杂量引入杂质，使 SnO_2 产生较大的晶格畸变，电子散射增强，阻碍了导电载流子迁移。因此，Sb∶Sn 摩尔比控制在 1∶8 较好，此时，硅灰石基复合粉体体积电阻率为 $0.85 \times 10^5 \Omega \cdot cm$。

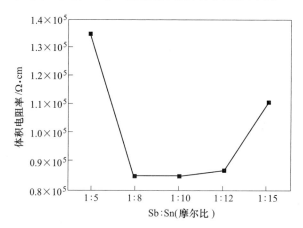

图 2-8 不同 Sb∶Sn 摩尔比时硅灰石基复合粉体体积电阻率

2.1.4.8 包覆剂滴加速度

图 2-9 为不同包覆剂滴加速度时硅灰石基复合粉体体积电阻率。其他工艺条件为：锑掺杂氧化锡在硅灰石表面的包覆量为 2.5%，700℃煅烧 2h，硅灰石与水固液比为 1∶15，反应温度为 60℃，pH 值为 7，Sb∶Sn 摩尔比为 1∶8，反应时间为 30min，$SbCl_3$ 与 $SnCl_4 \cdot 5H_2O$ 混合溶液中五水四氯化锡的浓度为 0.4mol/L，$SbCl_3$ 的浓度由 $SbCl_3$ 与 $SnCl_4 \cdot 5H_2O$ 物质的量比决定，NaOH 溶液浓度为 3mol/L，$SbCl_3$ 与 $SnCl_4 \cdot 5H_2O$ 混合溶液和 NaOH 溶液滴加速度一样。

由图 2-9 可知，随着 $SbCl_3$ 与 $SnCl_4 \cdot 5H_2O$ 混合溶液和 NaOH 溶液滴加速度的增大，硅灰石基复合粉体的体积电阻率先减小后增大，当滴加速度在 0.5～1.5 mL/min 时硅灰石基复合粉体的电阻率较小，但是滴加速度太慢会消耗大量时间，所以最佳的滴加速度为 1.0mL/min。

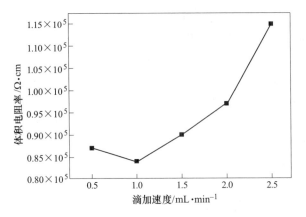

图 2-9　不同包覆剂滴加速度时硅灰石基复合粉体体积电阻率

2.1.4.9　反应时间

图 2-10 为不同反应时间时硅灰石基复合粉体体积电阻率。反应时间是指滴加完 SbCl$_3$ 与 SnCl$_4$·5H$_2$O 混合溶液和 NaOH 溶液后继续反应时间。其他工艺条件为：锑掺杂氧化锡在硅灰石表面的包覆量为 2.5%，700℃煅烧 2h，硅灰石与水固液比为 1:15，反应温度为 60℃，pH 值为 7，Sb:Sn 摩尔比为 1:8，反应时间为 30min，SbCl$_3$ 与 SnCl$_4$·5H$_2$O 混合溶液中五水四氯化锡的浓度为 0.4mol/L，SbCl$_3$ 的浓度由 SbCl$_3$ 与 SnCl$_4$·5H$_2$O 物质的量比决定，NaOH 溶液浓度为 3mol/L，SbCl$_3$ 与 SnCl$_4$·5H$_2$O 混合溶液和 NaOH 溶液滴加速度为 1mL/min。

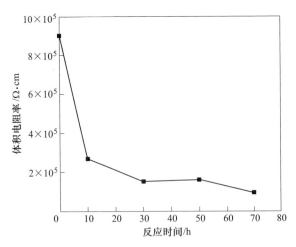

图 2-10　不同反应时间时硅灰石基复合粉体体积电阻率

由图 2-10 可以看出，随着反应时间的增大，反应生成的氢氧化锡和氢氧化锑逐渐沉积在硅灰石的表面，不断长大并且会有新的晶核生成，最后形成致密的包覆层。硅灰石基复合粉体的体积电阻率逐渐降低，到 30min 后，曲线变得平缓，继续延长反应时间，对复合粉体体积电阻率影响不大，因此反应时间控制在 30min 较好。

2.1.4.10 包覆剂添加顺序

表 2-1 为不同包覆剂添加顺序时硅灰石基复合粉体体积电阻率。

方法 A：将一定量的 NaOH 加入硅灰石中配制成溶液，在一定的温度和搅拌速度下，通过恒流泵滴入 $SnCl_4 \cdot 5H_2O$ 与 $SbCl_3$ 的混合溶液，滴加完继续反应一定时间后过滤、煅烧后得到样品 A。

方法 B：将硅灰石和 $SbCl_3$ 与 $SnCl_4 \cdot 5H_2O$ 的混合溶液以一定比例（质量比）混合，通过恒流泵滴加 NaOH 溶液，滴加完继续反应一定时间后过滤、煅烧后得到样品 B。

方法 C：通过两台恒流泵分别向硅灰石悬浮液中滴加 $SbCl_3$ 与 $SnCl_4 \cdot 5H_2O$ 的混合溶液和 NaOH 溶液，滴加完成后，继续反应一定时间后过滤、煅烧后得到样品 C。

从表 2-1 可以看出，包覆剂的添加顺序对硅灰石基复合粉体体积电阻率有很大影响。$SbCl_3$ 与 $SnCl_4 \cdot 5H_2O$ 的混合溶液和 NaOH 溶液同时滴加时（方法 C），硅灰石基复合粉体体积电阻率（样品 C）最低，这是因为将两种包覆试剂同时滴加时，试剂在硅灰石溶液中可以均匀地分散，而且可以维持体系处在一个相对稳定的 pH 值环境，不至于使硅灰石处于过酸或过碱的体系中。而单独添加某一种试剂时（方法 A 和方法 B），由于包覆剂不能快速分散，易造成均相成核或包覆不均匀现象，导致硅灰石基复合粉体体积电阻率升高（样品 A 和样品 B）。

表 2-1　不同包覆剂添加顺序时硅灰石基复合粉体体积电阻率

样　品	体积电阻率/Ω·cm
A	1.12×10^7
B	2.60×10^6
C	5.38×10^5

2.1.4.11 是否掺杂锑

表 2-2 为掺杂锑和不掺杂锑时硅灰石基复合粉体体积电阻率。由表 2-2 可知，不掺杂 Sb 的硅灰石包覆氧化锡复合粉体的体积电阻率为 $1.34 \times 10^6 \Omega \cdot cm$，比硅灰石原矿的体积电阻率要小，但硅灰石包覆氧化锡复合粉体的体积电阻率要比与相同条件下制备的锑掺杂氧化锡包覆硅灰石的体积电阻率高出两个数量级。这是因为未经掺杂的 SnO_2 在煅烧过程中的晶格缺陷较少，载流子浓度较低。

表 2-2　掺杂锑和不掺杂锑时硅灰石基复合粉体体积电阻率

样　品	体积电阻率/$\Omega \cdot cm$
硅灰石原矿	3.36×10^{10}
硅灰石包覆氧化锡	1.34×10^{6}
硅灰石包覆锑掺杂氧化锡	0.85×10^{5}

综上所述，硅灰石基抗静电复合粉体最佳制备条件如下：锑掺杂氧化锡在硅灰石表面的包覆量为 2.5%，700℃煅烧 2h，硅灰石与水固液比为 1∶15，反应温度为 60℃，pH 值为 7，Sb∶Sn 摩尔比为 1∶8，反应时间为 30min，$SbCl_3$ 与 $SnCl_4 \cdot 5H_2O$ 混合溶液中五水四氯化锡的浓度为 0.4mol/L，NaOH 溶液浓度为 3mol/L，$SbCl_3$ 与 $SnCl_4 \cdot 5H_2O$ 混合溶液和 NaOH 溶液滴加速度 1mL/min，同时滴加，反应时间为 30min。

2.1.5　复合粉体表征

2.1.5.1　表面形貌

图 2-11 和图 2-12 分别为硅灰石和硅灰石基复合粉体的 SEM 和 TEM 图。如图 2-11（a）和图 2-12（a）所示，硅灰石呈纤维状，长径比大约为 20∶1；与图 2-11（a）和图 2-12（a）相比，图 2-11（b）和图 2-12（b）硅灰石基复合粉体表面均匀地包覆了透明的导电薄膜，厚度在 100nm 以内。

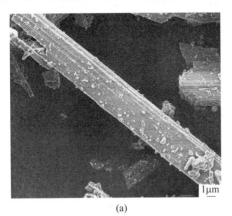
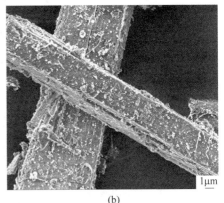

(a)　　　　　　　　　　　　　　(b)

图 2-11　硅灰石和硅灰石基复合粉体 SEM 图
(a) 硅灰石；(b) 硅灰石基复合粉体

为了证明硅灰石表面包覆物为锑掺杂氧化锡，笔者采用透射电镜能量分析谱对包覆前后硅灰石的微观表面进行了测定，测定结果如图 2-13 和表 2-3 所示。如图 2-13 所示，硅灰石只有 Si、O、Ca 元素的光谱峰，硅灰石基复合粉体除了硅

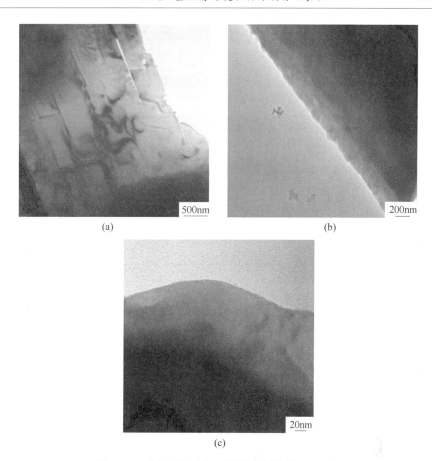

图 2-12 硅灰石与硅灰石基复合粉体的 TEM 图

（a）硅灰石；（b），（c）硅灰石基复合粉体

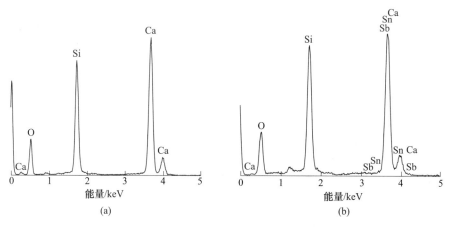

图 2-13 硅灰石与硅灰石基复合粉体的 EDS 图

（a）硅灰石；（b）硅灰石基复合粉体

灰石本身的元素外，明显出现了 Sb、Sn 的光谱峰，说明硅灰石表面包覆的透明导电薄膜为锑掺杂氧化锡。

表 2-3　硅灰石包覆前后不同元素的质量分数和摩尔分数　　（%）

样　品	硅灰石		硅灰石基复合粉体	
元素种类	质量百分比	摩尔分数	质量分数	摩尔分数
O	14.74	27.06	14.55	29.78
Si	33.39	34.92	28.28	32.98
Ca	51.87	38.01	39.86	32.57
Sn	0	0	14.56	3.92
Sb	0	0	2.76	0.76
总量	100	100	100	100

2.1.5.2　硅灰石和硅灰石基复合粉体物化性能

表 2-4 为硅灰石和硅灰石基复合粉体的物化性能。由表 2-4 可以看出，硅灰石基复合粉体白度有所降低，但仍然大于 90%，不影响其在浅色制品领域应用；粒度 D_{50} 和 D_{90} 均大于硅灰石原矿粒度，说明锑掺杂氧化锡包覆在了硅灰石表面；包覆后硅灰石比表面积由 $1.41\text{m}^2/\text{g}$ 增大到 $3.65\text{m}^2/\text{g}$，这是锑掺杂氧化锡包覆在硅灰石表面导致；硅灰石基复合粉体体积电阻率显著降低，达到了抗静电的效果。

表 2-4　硅灰石和硅灰石基复合粉体物化性能

样　品	物化性能				
	白度/%	比表面积 /$\text{m}^2 \cdot \text{g}^{-1}$	粒度/μm		体积电阻率 /$\Omega \cdot \text{cm}$
			D_{50}	D_{90}	
硅灰石	91.7	1.41	10.81	42.21	3.36×10^{10}
复合粉体	90.5	3.65	11.46	42.78	0.85×10^{5}

2.2　硅灰石基复合粉体包覆机理

2.2.1　沉淀机理

溶液中 Sb^{3+}、Sn^{4+} 与 OH^- 发生反应生成 $Sb(OH)_3$ 和 $Sn(OH)_4$ 沉淀，在硅灰石表面沉积。反应见式（2-3）和式（2-4）。

$$Sb^{3+} + 3OH^- \Longrightarrow Sb(OH)_3 \downarrow \qquad (2\text{-}3)$$

$$Sn^{4+} + 4OH^- \Longrightarrow Sn(OH)_4 \downarrow \qquad (2\text{-}4)$$

Sb(OH)$_3$ 和 Sn(OH)$_4$ 沉淀都不导电，经过高温转变为金红石结构的 Sb-SnO$_2$ 才具有导电性，见反应式（2-5）和式（2-6）。

$$\text{Sn(OH)}_4 \xrightarrow{\text{高温}} \text{SnO}_2 + 2\text{H}_2\text{O} \tag{2-5}$$

$$2\text{Sb(OH)}_3 \xrightarrow{\text{高温}} \text{Sb}_2\text{O}_3 + 3\text{H}_2\text{O} \tag{2-6}$$

晶核形成初期，粒子会向自由能较低的方向转变从而得到稳定的体系，因此整个系统的体积自由能 ΔG_v 的值是负数，伴随着新相的形成，生成新界面的过程需要做功，因此体系的界面自由能增大，ΔG_s 为正数，对于整个系统来说自由能的变化为这两个自由能变化的代数和，见反应式（2-7）。

$$\Delta G = V\Delta G_v + S\Delta G_s \tag{2-7}$$

式中，V 为形成新相的体积；S 为新相和液相之间形成的新界面的面积。

新相的生成需要跨过一个势垒，称之为成核势垒。对于均相成核，成核势垒 ΔG_{r*} 见式（2-8）。

$$\Delta G_{r*} = \frac{16\pi\gamma_{\text{LS}}^3}{3(\Delta g_v)^2} \tag{2-8}$$

式中，Δg_v 为单位体积自由能的变化值；γ_{LS} 为新生成相与液面的界面张力。

对于异相成核，成核势垒 ΔG_{h*} 见式（2-9）。

$$\Delta G_{h*} = \frac{16\pi\gamma_{\text{LS}}^3}{3(\Delta g_v)^2}\left[\frac{(2+\cos\theta)(1-\cos\theta)^2}{4}\right] = \frac{16\pi\gamma_{\text{LS}}^3}{3(\Delta g_v)^2}f(\theta) = \Delta G_{r*}f(\theta) \tag{2-9}$$

其中

$$f(\theta) = \frac{(2+\cos\theta)(1-\cos\theta)^2}{4} \leqslant \frac{3}{4} < 1$$

式中，θ 为接触角。

由式（2-8）与式（2-9）可知，均相成核比异相成核多了一个接触角，其中 $f(\theta)<1$，所以 $\Delta G_h^* < \Delta G_r^*$，也就是说在晶体的形成过程中，通过异相成核的方式要比均相成核的方式所需的势垒要小，因此在相同的环境中，晶体先以异相成核的方式生长。

过饱和度影响沉淀过程中成核的方式[20]。Sn(OH)$_4$ 和 Sb(OH)$_3$ 都是难溶于水的强电解质，在包覆反应阶段，可以通过调节加入溶液中的 SbCl$_3$、SnCl$_4$ 和 NaOH 的浓度来调节 Sb(OH)$_3$ 和 Sn(OH)$_4$ 在整个反应体系中的过饱和度。具体的操作方式是通过调节两种溶液的滴加速度来控制体系的过饱和度，从而使 Sn(OH)$_4$ 和 Sb(OH)$_3$ 仅以异相成核的方式在硅灰石表面沉积。由于锑与锡的氢氧化物表面与硅灰石都有 OH$^{-[21]}$，两者的界面自由能较低，可使得 Sb(OH)$_3$ 和 Sn(OH)$_4$ 很容易以非均匀成核的方式沉积在硅灰石表面。

包覆在基体表面的 Sb(OH)$_3$ 和 Sn(OH)$_4$ 经过高温处理变为锑与锡的氧化

物，最后经过相互掺杂生成锑掺杂氧化锡。

2.2.2 ATO 与硅灰石表面作用力机理探讨

笔者制备了 Sb(OH)$_3$ 和 Sn(OH)$_4$ 混合物（即 ATO 前驱体），通过分析 ATO 前驱体与硅灰石表面的 Zeta 电位来判断两者之间的结合力是否为静电吸引力。

2.2.2.1 ATO 前驱体的制备

以 SbCl$_3$ 与 SnCl$_4$·5H$_2$O 为主要原料，以水为溶剂，以氢氧化钠为沉淀剂，采用化学沉淀法制备 ATO 前驱体，按照 SbCl$_3$ 与 SnCl$_4$·5H$_2$O 摩尔比 1：8 配置一定浓度的 SnCl$_4$·5H$_2$O 混合溶液，以一定的滴速分别滴加四氯化锡与三氯化锑的混合溶液和一定浓度的氢氧化钠溶液于三口烧瓶中，滴加完成后继续加热搅拌一定时间，反应结束后将反应产物过滤、洗涤、干燥、打散，即得到 Sb(OH)$_3$ 和 Sn(OH)$_4$ 的固体混合物，即 ATO 前驱体。

2.2.2.2 Zeta 电位分析

图 2-14 为硅灰石和 ATO 前驱体在不同 pH 值下的 Zeta 电位。由图 2-14 可知，当 pH 值在 2~3.6 时 ATO 前驱体带正电荷；当 pH 值为 3 时 Zeta 电位为正值（6.7986mV），即当溶液为较强的酸性溶液时，由于 ATO 颗粒表面的 Zeta 电位较小，因此 ATO 粒子间的相互斥力较小，在溶液中的分散性很差，尽管此时硅灰石原矿带有较大的负电荷，两者之间存在静电吸引力，但是 ATO 前驱体粒子的比表面积会因团聚而减小，这样就使得大量 ATO 前驱体表面以团聚体的形式与硅灰石表面结合，一部分 ATO 前驱体的团聚体因粒子较大未能与硅灰石结合，或者在硅灰石表面小范围内大量沉积，硅灰石表面均匀包覆 ATO 的机会大

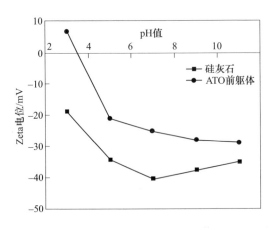

图 2-14 硅灰石和 ATO 前驱体在不同 pH 值下的 Zeta 电位

大下降，因此硅灰石表面未进行包覆的范围较多，存在较大的裸露地带，包覆效果较差。对于表面具有亲水性的固体颗粒，其表面的 Zeta 电位与溶液分散性之间有很强的关联性，具体表现为电位绝对值越大，溶液分散越好，分散体系愈稳定。当 pH 值大于 4 时，ATO 前驱体与硅灰石原矿都带有相同的负电荷，两者之间有较强的静电排斥作用，硅灰石与 ATO 不是由静电作用结合在一起；当 pH 值等于 7 时硅灰石表面的 Zeta 电位值为 -40.5631mV，此时 ATO 前驱体的电位值为 -25.2253mV。表 2-5 为溶液稳定性与 Zeta 电位的关系。由表 2-5 可以看出，两者通过静电排斥可以得到稳定的硅灰石悬浮液。当 pH 值大于 9 时，此时 ATO 前驱体粒子与硅灰石表面的 Zeta 电位绝对值都大于 27mV，两者仍然带有相同的负电荷，因此也具有较好的稳定性，ATO 前驱体均匀地分散在硅灰石溶液的体系中，两者存在静电斥力作用。

表 2-5 溶液稳定性与 Zeta 电位的关系

Zeta 电位/mV	胶体稳定性
0 到 ±5	快速凝结或凝聚
±10 到 ±30	开始变得不稳定
±30 到 ±40	稳定性一般
±40 到 ±60	较好的稳定性
超过 ±61	稳定性极好

2.1.2.3 红外光谱

图 2-15 为硅灰石和硅灰石基复合粉体的红外光谱（FTIR）图。如图 2-15 所示，波数 510.28cm^{-1} 为硅灰石中 Ca—O 伸缩振动吸收峰，566.68cm^{-1} 处为 Si—O 弯曲振动吸收峰，波数 656.63cm^{-1} 和 676.80cm^{-1} 处是 Si—O—Si 的对称伸缩振动峰，1017.88cm^{-1} 和 1093.08cm^{-1} 处对应为 Si—O—Si 的非对称伸缩振动吸收峰，921.20cm^{-1} 处对应为 O—Si—O 的非对称伸缩振动吸收峰。950~970cm^{-1} 吸收区是 Si—OH 基团，964.17cm^{-1} 吸收带是 O—Si—O 对称伸缩振动峰引起的。波数 3440.39cm^{-1} 处的吸收带为 O—H 的伸缩振动特征吸收峰，波数 1439.54cm^{-1} 吸收带为 O—H 弯曲振动特征吸收峰，这两个吸收带说明硅灰石表面含有大量的羟基[22]。包覆锑掺杂氧化锡后，1093.08cm^{-1} 处 Si—O—Si 的非对称伸缩振动吸收峰移至 1095.77cm^{-1} 处，964.17cm^{-1} 处的 O—Si—O 对称伸缩振动吸收峰移至 966.85cm^{-1} 处，652.63cm^{-1} 处 Sn—O 的伸缩振动特征吸收峰移动到 641.88cm^{-1}，O—H 的伸缩振动特征吸收峰由 3440.39cm^{-1} 移动到 3437.70cm^{-1} 处，弯曲振动特征吸收峰由 1439.54cm^{-1} 移动到 1399.25cm^{-1} 处，两个吸收带发生红移且 O—H 伸缩振动吸收峰增强而弯曲振动吸收峰变弱，说明硅灰石表面的硅羟基减少而硅灰

石表面的缔合羟基增多。锑掺杂氧化锡表面含有大量的羟基[23]，由硅灰石原矿的红外光谱可知，硅灰石表面也含有大量的羟基，这有利于非均匀形核的形成。Sb-Sn 水解产物表面的羟基与硅灰石表面的羟基发生反应生成 Si（Ca）—O—Sn，两者结合在一起的作用力是化学键力。

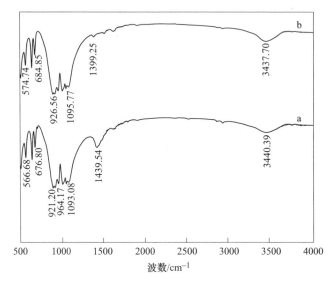

图 2-15　硅灰石与硅灰石基复合粉体的 FTIR 图
a—硅灰石；b—硅灰石复合粉体

2.3　硅灰石基抗静电复合粉体在 PVC-EVA/炭黑共聚物中的应用研究

硅灰石和硅灰石基抗静电粉体填充聚合物试验共分为 6 组：

A 组：PVC+EVA+助剂；

B 组：PVC+EVA+炭黑+助剂；

C 组：PVC+EVA+炭黑+助剂+硅灰石粉体；

D 组：PVC+EVA+炭黑+助剂+硅灰石基抗静电复合粉体；

E 组：（PVC+EVA+炭黑+助剂）塑化后剪碎+硅灰石粉体；

F 组：（PVC+EVA+炭黑+助剂）塑化后剪碎+硅灰石基抗静电粉体。

试验步骤：首先将 PVC 和 DOP 加入粉碎机混合 30s，再加入炭黑搅拌 1min，接着加入 EVA 以及硅灰石粉体或硅灰石基抗静电粉体分别搅拌 30s，最后加入 ACR/CPE/OPE/HSt 以及稳定剂混合 1min 即可。流变仪温度设定为 185℃，转速设定为 60r/min，加料量为 60g，将各组配料分别在转矩流变仪上进行塑化后剪切成小颗粒，在平板硫化机上 190℃无载荷条件将物料预热 3min，然后于 20MPa 条件下压片 3min 取出冷却，最后在高绝缘电阻测量仪上测量圆片电阻值。

试片规格为 $\phi100\times2mm$ 的圆片。

电阻和电阻率换算公式如下：对于 PC68 电阻仪，测量电极直径 $D_1 = 5cm$，环电极内径 $D_2 = 5.4cm$，则

表面电阻率 $\rho_S = 2\pi R_S / \ln(D_2/D_1) = 2\times3.14R_S/\ln(5.4/5) = 80R_S$；

体积电阻率 $\rho_V = \pi(D_1/2)^2 \cdot R_V/d = 3.14\times(5/2)^2 \cdot R_V/d = 19.63R_V/d$

式中，d 为样品厚度（0.2cm），代入得 $\rho_V = 98.1 \cdot R_V$。

表 2-6 为不同方法制备的 PVC-EVA 共聚物的表面电阻（率）与体积电阻（率）。

表 2-6　填充 PVC-EVA 共聚物表面电阻（率）与体积电阻（率）

实验	表面电阻/Ω	体积电阻/Ω	表面电阻率/$\Omega \cdot cm$	体积电阻率/$\Omega \cdot cm$
A 组	3.65×10^{13}	1.54×10^{13}	2.92×10^{15}	1.51×10^{15}
B 组	4.78×10^{7}	1.63×10^{7}	3.82×10^{9}	1.60×10^{9}
C 组	1.86×10^{9}	9.98×10^{8}	1.49×10^{11}	9.79×10^{10}
D 组	2.44×10^{9}	5.25×10^{8}	1.95×10^{11}	5.51×10^{10}
E 组	1.43×10^{7}	1.25×10^{7}	1.14×10^{9}	1.22×10^{9}
F 组	1.53×10^{5}	2.63×10^{5}	1.22×10^{7}	2.58×10^{7}

由 A 组实验可以看出，PVC+EVA 共聚物具有高的绝缘性（表面电阻 $3.65\times10^{13}\Omega$）；由 B 组实验可以看出，加入导电性好的炭黑后，制品的表面电阻由 $3.65\times10^{13}\Omega$ 降低到 $4.78\times10^{7}\Omega$，这是因为在高聚物基体中炭黑是以聚集体为基本单位存在[24]，按照电子隧道效应学说，炭黑在高聚物基体中相互接触排列成链状结构或者分散成粒子之间只有几个埃的距离，交织连接形成空间导电渗滤网络[25]，有外加电场时电子可以通过隧道效应导电而形成电流，因此电阻率降低；由 C 和 D 组实验可以看出，PVC+EVA+炭黑基体中加入硅灰石粉体或硅灰石基复合粉体后，聚合物制品表面电阻升高，D 组实验与 C 组实验相比体积电阻率和表面电阻率相接近，这可能是由于一方面硅灰石粉体或硅灰石基复合粉体为纤维状结构[26]，与 PVC 基体的高聚物结合力小，难以连续均匀的分散，容易形成团聚体，与高聚物的相容性较差[27,28]，另一方面加入硅灰石粉体或硅灰石基复合粉体后破坏了一部分炭黑形成的导电渗滤网络，所以 PVC+EVA+炭黑+助剂基体中加入硅灰石粉体或硅灰石基复合粉体后高聚物表面电阻都变大；E 组和 F 组实验是把 B 组实验制得的导电圆片剪碎后再与硅灰石粉体或硅灰石基复合粉体混合，与 B 组实验相比，加入 5%硅灰石粉体后，聚合物表面电阻有少量降低；加入 5% 硅灰石基复合粉体后，表面电阻明显降低，这可能是因为 B 组中制成的导电圆片中，导电炭黑的聚集体在聚合物中均匀分散，已经形成了良好的网络通道，加入硅灰石基复合粉体塑化后，炭黑在聚合物中的导电通路并未遭到破坏，

硅灰石基复合粉体在炭黑形成的导电网络的基础上，参与导电过程，并且微米级的硅灰石基复合粉体提高了纳米炭黑在聚合物中的分散性，因此表面电阻由 $4.78×10^7\Omega$ 降低到 $1.53×10^5\Omega$，达到了煤矿井下输送带抗静电性能的使用要求。

参 考 文 献

[1] 侯攀，周科勇，王明. 抗静电剂在高分子材料中的应用研究进展 [J]. 中国塑料，2011：11~16.

[2] 蒋杰，徐战. 塑料抗静电剂的研究进展 [J]. 塑料工业，2006 (S1)：49~51.

[3] Cecen V, Boudenne A, Ibos L, et al. Electrical, mechanical and adhesive properties of ethylene-vinylacetate copolymer (EVA) filled with wollastonite fibers coated by silver [J]. European Polymer Journal, 2008, 44 (11)：3827~3834.

[4] 刘红伟. 浅色导电填料 [J]. 化工新型材料，1996 (6)：33~35.

[5] 叶明泉，贺丽丽，韩爱军. 填充复合型导电高分子材料导电机理及导电性能影响因素研究概况 [J]. 化工新型材料，2008，36 (11)：13~15.

[6] 陈东红，虞鑫海，徐永芬. 导电高分子材料的研究进展 [J]. 化学与黏合，2012，34 (6)：61~64.

[7] 徐亮. 阻燃抗静电 PA6 的研究 [D]. 杭州：浙江工业大学，2010.

[8] 黄勇，陈善勇，刘俊红. 导电复合橡胶用导电填料的应用研究进展 [J]. 云南化工，2009，36 (5)：47~51.

[9] 何益艳，吴雪艳，杜仕国. 复合型导电塑料中导电填料的开发现状与发展 [J]. 塑料科技，2004 (3)：50~53.

[10] 姚超，张良，丁永红，等. 导电凹凸棒土的制备 [J]. 江苏工业学院学报，2007，19 (4)：5~9.

[11] 杨兴明. 关于煤矿用 PVC 阻燃输送带的抗静电性能探讨 [J]. 当代化工研究，2019 (3)：77, 78.

[12] 田瑶珠，程利萍，宋帅，等. 炭黑/聚氯乙烯抗静电材料的制备及性能 [J]. 塑料，2012，41 (3)：63~66.

[13] Lu H F, Hong R Y, Wang L S, et al. Preparation of ATO nanorods and electrical resistivity analysis [J]. Materials Letters, 2012, 68 (1)：237~239.

[14] Hu P W, Yang H M. Controlled coating of antimony-doped tin oxide nanoparticle on kaolinite particles [J]. Applied Clay Science, 2010, 48 (3)：368~374.

[15] Wang L S, Lu H F, Hong R Y, et al. Synthesis and electrical resistivity analysis of ATO-coated talc [J]. Powder Technology, 2012, 224：124~128.

[16] Wang C L, Wang D, Zheng S L. Characterization, organic modification of wollastonite coated with nano-Mg(OH)$_2$ and its application in filling PA6 [J]. Materials Research Bulletin, 2014, 50：273~278.

[17] Wang C L, Wang D, Zheng S L. Preparation of aluminum silicate/fly ash particles composite and its application in filling polyamide 6 [J]. Materials Letters, 2013, 111: 208~210.

[18] Wang C L, Wang D, Yang R Q, et al. Preparation and electrical properties of wollastonite coated with antimony-doped tin oxide nanoparticles [J]. Powder Technology, 2019, 342: 397~403.

[19] 樊先平. 无机非金属材料科学基础 [M]. 杭州: 浙江大学出版社, 2004.

[20] 李少伟, 徐建鸿, 骆广生. 过饱和度和混合性能对晶体形貌的影响 [C]. 中国颗粒学会年会暨海峡两岸颗粒技术研讨会, 中国, 北京, 2006.

[21] 杨芬, 张学俊, 郝龙, 等. 掺锑氧化锡纳米晶体的制备及性能研究 [J]. 化学世界, 2008, 49 (3): 129~132.

[22] 赵文俞, 张清杰, 彭长琪. 硅灰石分子结构的 FTIR 谱 [J]. 硅酸盐学报, 2006, 34 (9): 1137~1139.

[23] 李思莹. ATO/聚甲基丙烯酸甲酯复合膜的制备与性能研究 [D]. 镇江: 江苏科技大学, 2012.

[24] 陆克正, 张言波, 张军, 等. 纳米导电纤维与导电炭黑填充 PVC 复合材料的电性能研究 [J]. 高分子材料科学与工程, 2001, 17 (5): 70~73.

[25] 杜彦, 季铁正, 唐婷. 聚乙烯基导电复合材料的研究 [J]. 中国塑料, 2012, 26 (4): 22~26.

[26] Wang C L, Zheng S L, Xu X, et al. Surface inorganic modification of wollastonite and its application in filling polypropelyne [J]. Advanced Materials Research, 2011, (154-155): 50~56.

[27] Wang C L, Zheng S L, Wang H F. Evaluation of mechanical properties of polyamide 6 (PA6) filled with wollastonite and inorganic modified wollastonite [J]. Applied Mechanics and Materials, 2012, (217-219): 522~525.

[28] 吴学明, 王兰, 黄建忠, 等. 硅灰石填充改性硬质聚氯乙烯的研究 [J]. 中国塑料, 2002, 16 (1): 28~32.

3 硅灰石包覆硅酸铝复合粉体制备及应用

硅灰石是一种钙的偏硅酸盐矿物，化学分子式为 $CaSiO_3$，结构式为 $Ca_3[Si_3O_9]$，理论化学成分：CaO 48.3%、SiO_2 51.7%。硅灰石有三种同质多象变体[1]：两种低温象变体，即三斜晶系硅灰石（$\alpha\text{-}Ca_3[Si_3O_9]$）和单斜晶系副硅灰石（$\alpha'\text{-}Ca_3[Si_3O_9]$）；一种高温象变体，通称假硅灰石（$\beta\text{-}Ca_3[Si_3O_9]$）。自然界常见的硅灰石主要是低温三斜硅灰石，其他两种象变体很少见。低温三斜晶系硅灰石为链状结构，晶体常沿 b 轴延伸成板状、杆状和针状，集合体成放射状，纤维状块体，甚至微小的颗粒仍能保持纤维状，一般为 0.1~1.0mm，长径比为 7~8。硅灰石一般呈白色至灰白色，玻璃光泽，解理面呈珍珠光泽，低吸水率和吸油值，密度为 2.78~2.91g/cm³，溶于酸，热膨胀系数小，烧失量低，有良好的助熔性。

世界硅灰石的主要生产国家有中国、美国等，中国产量约占世界总产量的 53%，是世界上硅灰石产量第一、出口量第一的国家。硅灰石作为工业填料使用，由于价廉和功能性作用，已在塑料等工业得到应用[2~5]。

与其他填料相比，硅灰石作为塑料填料有以下 9 个优点[6,7]：

（1）滑石、白炭黑一般都含有结晶水，加热有脱水问题；硅灰石不含结晶水，加热时没有脱水问题。

（2）玻璃纤维易分解，污染环境，对人皮肤有害；硅灰石无毒，无污染，可用于食品级塑料制品中。

（3）用玻璃纤维增强塑料成型难度大、翘曲严重，且产品表面粗糙；硅灰石可以减少塑料的收缩率，制品无翘曲变形，材料制品表面光滑，富于自然光泽。

（4）碳酸钙耐化学腐蚀性差；硅灰石化学性能稳定，耐腐蚀。

（5）可提高塑料弯曲强度和弯曲模量。

（6）替代玻璃纤维可有效降低成本。

（7）填充塑料的尺寸稳定性好，热膨胀系数小，耐热稳定性好。

（8）可以提高材料的耐刮擦和耐磨性能。

（9）可以提高材料的热变形温度。

但硅灰石填充塑料目前还存在以下问题：（1）用于树脂基复合材料中，颜色变深；（2）硬度较高，对加工设备的磨损较严重；（3）与树脂的相容性不好。目前，采用偶联剂或表面活性剂对硅灰石进行改性可以解决其与树脂相容性问题，但是该方法不能解决前两个问题，这直接影响硅灰石粉体作为填料的使用效果。颗粒表面包覆改性已经成为新材料界面和表面科学领域的研究焦点。硅灰石表面包覆碳酸钙可以改善其表面性质[8]，但是表面包覆碳酸钙的复合粉体不能被用于耐酸塑料中[9]。硅酸铝具有较高的白度，莫氏硬度为 2~3，低于硅灰石莫氏硬度 5~5.6，具有化学性质稳定、耐酸等特点。

本章主要讲述硅灰石表面包覆硅酸铝复合粉体制备方法、表征方法和在聚丙烯和尼龙 6 中的应用。

3.1 硅灰石包覆硅酸铝复合粉体制备及表征

3.1.1 实验原料

以江西上高华杰泰矿纤科技有限公司硅灰石粉（$D_{50} = 7.62\mu m$，$D_{97} = 31.96\mu m$）为研究对象；其他试剂均为分析纯。

3.1.2 实验方法

将硅灰石和水按一定的质量称量后，放入三口烧瓶中，边搅拌边水浴加热，待温度升到一定温度时，用两台恒流泵以同样的速度分别加入相同体积、摩尔浓度比为 1∶3 的硫酸铝溶液和硅酸钠溶液，加完后反应一段时间，过滤、洗涤、再过滤（用浓度为 1mol/L 的 $BaCl_2$ 溶液滴定滤液，直至滤液中没有沉淀为止），在烘箱内 105℃下烘干后打散，即得到硅灰石包覆硅酸铝复合粉体材料。反应方程式见式（3-1）。

$$Al_2(SO_4)_3 + 3Na_2O \cdot nSiO_2 = Al_2O_3 \cdot 3nSiO_2 \downarrow + 3Na_2SO_4 \qquad (3-1)$$

3.1.3 PP 复合材料的制备

将填料（硅灰石和硅灰石包覆硅酸铝复合粉体）以 40% 的比例（质量比）与 PP 在高速搅拌混合机中混合搅拌 1min，然后在 TSE-35A 同向双螺杆挤出机上进行造粒，挤出机各区温度分别设为 180℃、190℃、210℃、200℃、220℃、210℃、210℃、210℃、210℃；机头温度设为 190℃；主机给定转速为 480r/min；喂料转速为 363r/min；物料温度为 190℃；机头压力为 0.8MPa；真空泵压力为 0.085MPa；切粒转速为 150r/min；环境温度为 18~30℃；环境湿度为 28%~45%。混合挤出造粒后在 WK-100 注塑机上注塑。注塑机温度分别设为 180℃、190℃、190℃、170℃；注射压力为 4MPa；保压时间为 4s；冷却时间为 1s；液压油温为 28℃。

3.1.4 PA6 复合材料的制备

将填料（硅灰石和硅灰石包覆硅酸铝复合粉体）以 30% 的比例（质量比）

与 PA6 在高速搅拌混合机中混合搅拌 1min，然后在 TSE-35A 同向双螺杆挤出机上进行造粒，挤出机各区温度分别设为 210℃、220℃、220℃、230℃、240℃、250℃、250℃、240℃、230℃；机头温度设为 230℃；主机给定转速为 300r/min；喂料转速为 350r/min；物料温度为 230℃；机头压力为 0.8MPa；真空泵压力为 0.085MPa；切粒转速为 100r/min；环境温度为 18～30℃；环境湿度为 28%～40%。混合挤出造粒后在 WK-100 注塑机上注塑，注塑机温度均设为 250℃；注射压力为 4MPa；保压时间为 4s；冷却时间为 1s；液压油温为 24℃。

3.1.5　样品表征方法

丹东百特仪器有限公司 BT-1500 型离心沉降式粒度分析仪用于粉体粒度及粒度分布测定；日本 JSM-35C 型扫描电子显微镜用于颗粒形貌观察；北京北分仪器技术公司 ST-2000 型比表面孔径测定仪用于比表面积测定；荷兰 Xpert 型 X 射线仪用于物相测定；美国 BIO-RAD FTS3000 型红外光谱仪用于红外测定；南京瑞亚弗斯特高聚物装备有限公司 TSE-35A 型同向双螺杆挤出机和山西汾西机电有限公司 WK-100 型注塑机用于制备复合材料力学性能及热变形温度的测试样条；承德市金建检测仪器有限公司 XWW-20 型万能试验机用于样条的力学性能测定。

按照 GB/T 1040—92 标准测量拉伸强度，样条尺寸为 150mm×20mm×4mm，环境温度为 15～16℃，环境湿度为 46%～50%；拉伸速度为 5mm/min。

按照 GB/T 1040—92 标准测量弯曲强度和弯曲模量，样条尺寸为 80mm×10mm×4mm；环境温度为 15～16℃；环境湿度为 46%～50%；测试速度为 2mm/min。

按照 GB/T 1043—93 标准测试缺口冲击强度，样条尺寸为 80mm×10mm×4mm；V 型缺口尺寸为（2±0.1）mm×4mm；环境温度为 15～16℃；环境湿度为 46%～50%。

按照 GB/T 1634.1—2004 标准测量热变形温度，样条尺寸为 80mm×10mm×4mm；环境温度为 15～16℃；环境湿度为 46%～50%，加热速度为 2℃/min。

每组试样按标准测试要求都分别注射成型了五条拉伸、缺口冲击、弯曲试样，并分别在万能试验机和简支梁冲击试验机上测出它们的拉伸、缺口冲击、弯曲强度值和弯曲模量值。所有力学性能测试均在 15～16℃下进行，取 5 条试样测值的算术平均值作为该组试样的标准强度值，数值计算精确到 0.01。当 5 条试样的最大值或最小值与平均值的差超过 20%时，以中间 3 条试样的平均值作为该组试样的标准强度值。

试样的拉伸、弯曲、缺口冲击实验示意图如图 3-1 所示。

3.1.6　改性工艺条件对无机包覆改性效果的影响

硅灰石包覆硅酸铝复合粉体中硅酸铝的粒度大小及在硅灰石表面的分布直接

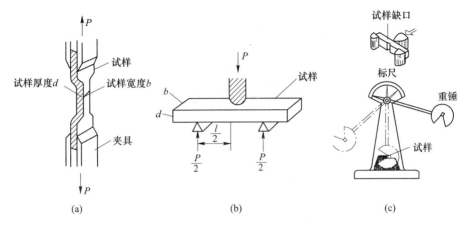

图 3-1　试样的拉伸、弯曲和缺口冲击实验示意图

（a）拉伸；（b）弯曲；（c）缺口冲击

影响到复合材料的力学性能，而硅酸铝的粒度大小及在硅灰石表面的分布与制备时的条件选择密切相关。影响复合粉体制备的因素主要有：硅灰石颗粒的分散、无机包覆改性剂添加顺序、反应温度、反应时间、固液比、盐溶液滴加速度、硫酸铝溶液浓度和包覆量等。笔者以无机包覆改性粉体白度、粒度、形貌等为评价指标，对实验条件或工艺因素对硅灰石包覆硅酸铝复合粉体的影响进行了讨论。

3.1.6.1　硅灰石基体颗粒的分散

　　基体颗粒能够稳定的分散对于获得包覆效果良好的复合粉体颗粒非常重要。目前对基体颗粒进行有效分散的方法主要有 4 种：超声分散、调节表面电荷分散、加入分散剂分散和机械搅拌分散。

　　（1）超声分散：利用超声分散"空化"作用产生的局部高温高压强冲击波和微射流，可以有效地对粉体颗粒进行分散[10]。但是随着温度的升高，颗粒碰撞的概率也会增加，有可能促使粉体再次团聚，因此要避免由于超声分散时间过长而造成溶液过热。基于此种情况，多次短时间的超声分散可以说是一个好的选择。

　　（2）调节表面电荷分散：DLVO 理论指出了颗粒表面电位与颗粒的分散性关系，当颗粒表面的 pH 值远离等电点时，颗粒表面带有同种电荷，通过静电排斥可以达到溶液稳定分散。因此可以通过调节体系的 pH 值来调节表面电荷，但 pH 值对基体包覆层粒子带电情况也有影响，因此要加以考虑。

　　（3）加入分散剂分散：在颗粒悬浮液中加入分散剂时[11]，分散剂会吸附在颗粒表面，使颗粒间因静电和位阻效应而形成稳定的分散。但是当加入的分散剂过量时，会抑制沉淀在已生成的包覆层颗粒表面生长，并且在一定程度上会阻碍包覆层粒子在基体颗粒表面沉积成核，造成包覆层粒子以均匀成核析出，这样会增加洗涤的难度，往往造成残留，影响材料性能。一般分散剂用量不应超过粉体质量的1%[12]。

（4）机械搅拌分散：机械搅拌分散是借助外界剪切力或撞击力等机械能引起液流强湍流运动而使颗粒在介质中充分分散的一种方法。其必要条件是机械力应大于颗粒间的黏着力。在液相包覆过程中，通常使用机械搅拌来阻止基体颗粒的沉降，同时也可以保证反应体系浓度和 pH 值的均匀。

由于实验硅灰石用量较大，不适合用超声分散，因此笔者主要通过调整搅拌机的搅拌速度，调节表面电荷（即调整 pH 值），加入分散剂等方法对基体硅灰石颗粒进行分散，从而找出合适的分散方法。

A　搅拌速度

体系的搅拌速度影响反应体系中溶液浓度的均匀程度，因此也将显著影响反应过程与表面包覆结果。在 $Al_2(SO_4)_3$—H_2O—Na_2SiO_3 体系中，实施搅拌是为了提高体系的混合均匀度，促进传质和传热过程的进行。Look 等人[13] 研究结果表明：（1）剪切力并不影响粒子的成核和生长速度；（2）有一个临界剪切速率存在，当搅拌速率小于临界剪切速率时，均匀的粒子沉淀出来；当体系的搅拌速率大于临界剪切速率时，由其产生的黏滞拉应力会迫使粒子聚集在一起形成团聚体。

笔者考查了搅拌速度对硅灰石包覆硅酸铝复合粉体形貌的影响。固定硅灰石与水固液比为 1:15，反应温度为 80℃，硫酸铝和硅酸钠滴加速度为 1mL/min，反应时间为 30min，pH 值为 7，包覆量为 5%，硫酸铝浓度为 0.1mol/L，硅酸钠浓度为 0.3mol/L。以搅拌速度 100~300r/min、300~400r/min 和 700~800r/min（此时体系处于强烈的湍动状态）进行对比。将在不同搅拌速度制备的硅灰石包覆硅酸铝复合粉体进行粒度、白度（见表 3-1）及 SEM 分析（见图 3-2）。

表 3-1　不同搅拌速度下硅灰石包覆硅酸铝复合粉体白度和粒度

搅拌速度/r·min⁻¹	100~300	300~400	700~800
白度/%	91	92.3	91.1
粒度 D_{50}/μm	12.32	11.67	10.43

在本研究中，搅拌速率对无机包覆改性粉体形貌的影响，可以用 Look 等人的研究结果来解释：当搅拌速率较低（300~400r/min），即小于临界搅拌速率时，生成均匀的细小粒子；当搅拌速率升高（700~800r/min），大于临界搅拌速率时，则由剪切力诱发的团聚趋势足以克服阻止粒子团聚的静电排斥力，粒子之间聚集在一起，形成团聚体。但是由图 3-2（a）可以看出过低的搅拌速度（100~300r/min）会导致溶液浓度分布不均，团聚现象严重，且白度最低，粒度最大。因此实验控制搅拌速度在 300~400r/min 之间。

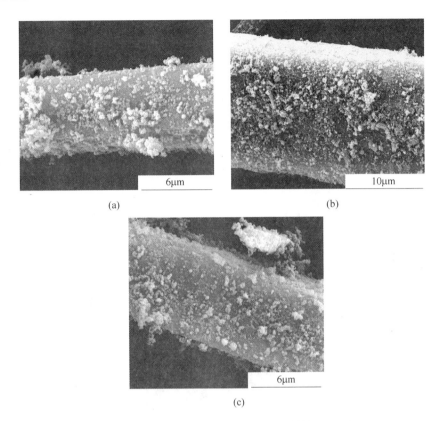

(a)   (b)

(c)

图 3-2　不同搅拌速度下无机包覆改性粉体 SEM 图

（a）100~300r/min；（b）300~400r/min；（c）700~800r/min

B　pH 值

pH 值对溶液的稳定性有显著的影响。对于亲水性颗粒，颗粒表面 Zeta 电位绝对值越大，分散越好。硅灰石 Zeta 电位与 pH 值之间的关系如图 3-3 所示。由图 3-3 可以看出，硅灰石等电点为 pH 值为 2，随着 pH 值增大，Zeta 电位呈现负增长，在 pH 值为 7 时绝对值最大，说明此时硅灰石颗粒带有同种电荷，斥力达到最大，通过静电排斥可以得到硅灰石悬浮液稳定分散。

笔者考查了 pH 值对硅灰石包覆硅酸铝复合粉体形貌的影响。固定硅灰石与水固液比为 1∶15，反应温度为 80℃，硫酸铝和硅酸钠滴加速度为 1mL/min，反应时间为 30min，包覆量为 5%，硫酸铝浓度为 0.1mol/L，硅酸钠浓度为 0.3mol/L。由于酸性条件下硅灰石会发生式（3-2）所示的反应，破坏其纤维状结构，因此实验反应过程应保持中性或碱性环境，选取 pH 值为 7、9、11 进行对比。将在不同 pH 值下制得的无机包覆改性粉体进行 SEM 分析（见图 3-4）。由图 3-4 可见，pH 值为 7 时包覆层比较均匀，因此选择 pH 值为 7。

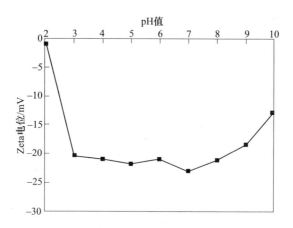

图 3-3　不同 pH 值下硅灰石表面 Zeta 电位

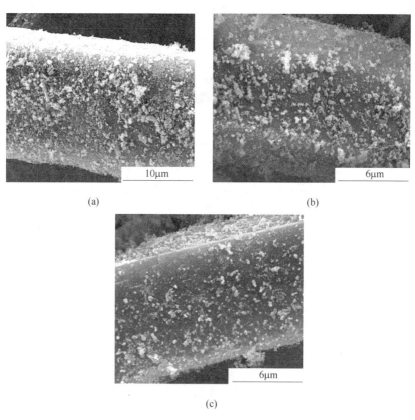

图 3-4　不同 pH 值下硅灰石包覆硅酸铝复合粉体 SEM 图
（a）pH 值为 7；（b）pH 值为 9；（c）pH 值为 11

$$SiO_3 + 2H^+ \xrightleftharpoons \quad Ca^{2+} + H_2SiO_3 \downarrow \qquad (3-2)$$

C 分散剂

笔者考查了分散剂用量对硅灰石包覆硅酸铝复合粉体形貌的影响。固定硅灰石与水固液比为 1∶15，反应温度为 80℃，硫酸铝和硅酸钠滴加速度为 1mL/min，反应时间为 30min，包覆量为 5%，硫酸铝浓度为 0.1mol/L，硅酸钠浓度为 0.3mol/L，pH 值为 7。选取分散剂（六偏磷酸钠）用量（六偏磷酸钠与硅灰石质量比）为 0%（即不加分散剂）、0.05%、0.1%、0.2% 进行对比。分散剂（六偏磷酸钠）不同加入量时无机包覆改性粉体 SEM 分析如图 3-5 所示。由图 3-5 可见，随着分散剂用量的增加，包覆在硅灰石表面的硅酸铝粒子逐渐增大，且团聚、游离现象严重，这是因为加入过量分散剂在一定程度上阻碍了包覆层粒子在基体颗粒表面的沉积成核和均匀生长，也增加了洗涤的难度，造成杂质残留。因此选择不加分散剂。

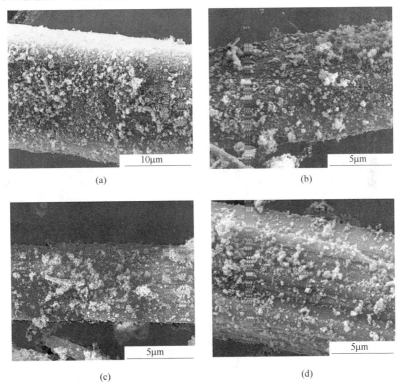

图 3-5 不同分散剂加入量时无机包覆改性粉体 SEM 图
(a) 0%；(b) 0.05%；(c) 0.1%；(d) 0.2%

综上所述，硅灰石基体颗粒合适的分散工艺条件为：中速搅拌（300～400r/min），不加分散剂，pH 值为 7。

3.1.6.2　无机包覆改性剂添加顺序

笔者考查了无机包覆改性剂添加顺序对硅灰石包覆硅酸铝复合粉体形貌的影响。

实验方法：（a）并流双加：配置固液比为 1：15 的硅灰石悬浮液，在一定的温度和搅拌速度下，通过两台恒流泵分别滴加硫酸铝和硅酸钠溶液，滴加完继续反应 1h 后洗涤、过滤、干燥、打散、备用；（b）单加硫酸铝：将硅灰石和硅酸钠以一定比例（质量比）混合，配置成固液比为 1：15 的悬浮液，在一定的温度和搅拌速度下，通过恒流泵滴入硫酸铝溶液，滴加完继续反应 1h 后洗涤、过滤、干燥、打散、备用；（c）单加硅酸钠：将硅灰石和硫酸铝以一定比例（质量比）混合，配置成固液比为 1：15 的悬浮液，在一定的温度和搅拌速度下，通过恒流泵滴入硅酸钠溶液，滴加完继续反应 1h 后洗涤、过滤、干燥、打散、备用。用 SJ2000 图像分析仪分析 3 种实验条件下制备的复合粉体的形貌，如图 3-6 所示。

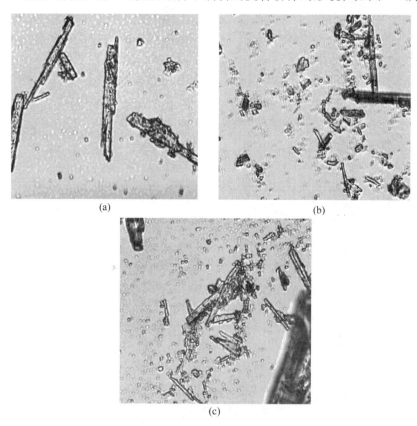

图 3-6　包覆剂不同添加顺序下复合粉体显微图像
（a）并流双加（×400）；（b）单加硫酸铝（×400）；（c）单加硅酸钠（×400）

由图 3-6 可以看出，无机包覆改性剂添加顺序对复合粉体的形貌有较大影响，其中效果最好的是方法（a）。方法（b）和方法（c）下制备的复合粉体游离硅酸铝比较多。将某种包覆试剂（硫酸铝或硅酸钠）与硅灰石先混合时，在包覆过程中另一种加入的包覆试剂（硅酸钠或硫酸铝）由于不能迅速分散，造成包覆剂局部浓度过高。在高浓度下，晶体生长速率会很快，连生体和二次成核数量会增加，容易使包覆试剂硅酸铝以均匀成核的形式析出而不是包覆在硅灰石颗粒表面上。将包覆试剂硫酸铝和硅酸钠同时加入可以使其更均匀地分散于整个包覆体系，而且可以保持体系始终处于 pH 值稳定的环境，由此可以避免因局部浓度过大而造成包覆剂以均匀形核的形式析出的情况[14]。

3.1.6.3　反应温度

固定硅灰石与水固液比为 1∶15，包覆量为 5%，硫酸铝和硅酸钠滴加速度为 1mL/min，反应时间为 30min，pH 值为 7，硫酸铝浓度为 0.1mol/L，硅酸钠浓度为 0.3mol/L。不同反应温度对硅灰石包覆硅酸铝复合粉体形貌如图 3-7 所示。

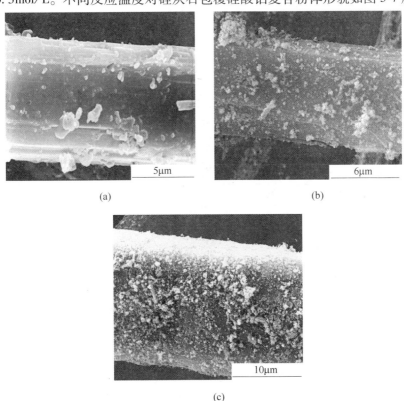

图 3-7　不同反应温度下硅灰石包覆硅酸铝复合粉体 SEM 图

（a）25℃；（b）50℃；（c）80℃

由图 3-7 可见，反应温度过低（25℃），硅灰石表面出现团聚，包覆不均匀且包覆的硅酸铝粒子粒径较大，高温（50℃ 和 80℃）反应下得到的产品包覆均匀、粒度较小。实验还发现，高温反应下得到的产品结构疏松，低温下得到的产品结构坚实而紧密，且过滤困难。

晶体生长理论指出，颗粒的粒径与晶体的成核速率及生长速率有关，成核速率大，生长速率小时，得到的粒子粒径较小，反之粒径较大。Volmer 成核速率公式及成核位能与过饱和度的关系见式（3-3）和式（3-4）。

$$I = NBe^{[-(\Delta G_k + \Delta G_a)/KT]} \tag{3-3}$$

$$\Delta G_k = RT\ln(1 - \Delta Cc) \tag{3-4}$$

式中，I 为成核速率；N 为单位体积液相中的分子数；B 为晶核捕捉原子概率；K 为玻耳兹曼常数；T 为绝对温度；ΔG_k 为成核位能；ΔG_a 为扩散活化能；R 为摩尔气体常数；ΔC 为过饱和度；C 为浓度。由公式（3-3）可知，ΔG_k 出现于成核速率公式的指数项，因而 I 对 ΔG_k 非常敏感，随着温度 T 的升高，溶液中粒子的布朗运动加剧，粒子间碰撞机会增加，硫酸铝与硅酸钠反应速率会增大，溶液中短时间内生成大量硅酸铝微粒，其过饱和度 ΔC 增大很快，由公式（3-4）可知，ΔG_k 将迅速减小。ΔG_k 减小，I 增大，并且 T 升高也会使 I 增大。虽然 ΔC 增大时，晶体硅酸铝生长速率也会增大，但 ΔC 对硅酸铝生长速率的影响要比对成核速率的影响小，即成核速率占优势，因而在体系中形成很多粒径细小的硅酸铝微粒，有利于硅酸铝在硅灰石表面形成均匀的包覆层。从表 3-2 可以看出，在 50℃ 和 80℃ 时，温度对无机包覆改性粉体白度和粒度影响不大。因此，为了获得粒度小、聚集结构疏松的复合粉体，反应温度控制在 50~80℃ 为宜。

表 3-2　温度对无机包覆改性粉体白度和粒度的影响

温度/℃	25	50	80
白度/%	91.3	92.2	92.3
粒度 D_{50}/μm	12.47	11.83	11.67

3.1.6.4　反应时间

固定硅灰石与水固液比为 1:15，包覆量为 5%，滴速为 1mL/min，反应温度为 80℃，pH 值为 7，硫酸铝浓度为 0.1mol/L，硅酸钠浓度为 0.3mol/L。反应时间是指滴加完硫酸铝溶液和硅酸钠溶液后继续搅拌时间，不同反应时间下复合粉体形貌如图 3-8 所示。由图 3-8 可见，表面硅酸铝颗粒是逐渐包覆到硅灰石颗粒表面的。随着反应不断进行，一方面反应生成的硅酸铝不断在硅灰石颗粒表面非均匀形核，另一方面当反应进行到一定阶段后硅酸铝可以在溶液中均匀形核而吸附到硅灰石颗粒表面。反应过程中，生成的硅酸铝粒子以这些晶核为中心不断长大并生成新的晶核，最后形成硅灰石颗粒表面的致密包覆。

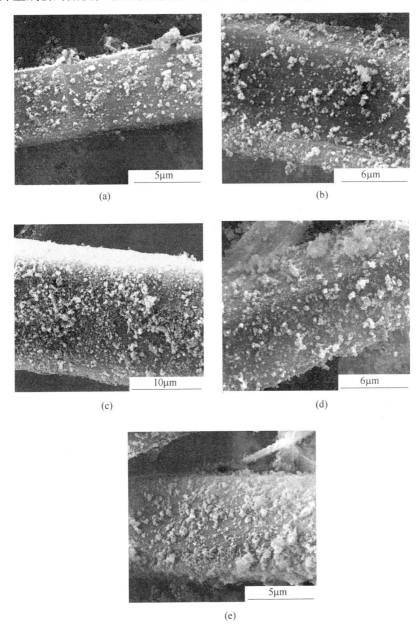

图 3-8 不同反应时间下硅灰石包覆硅酸铝复合粉体 SEM 图

(a) 5min；(b) 15min；(c) 30min；(d) 45min；(e) 60min

图 3-9 为反应时间对硅灰石包覆硅酸铝复合粉体粒度的影响。由图 3-9 可以

看出，随着反应时间的延长，复合粉体粒度逐渐增大，到 30min 时达到最大，30min 以后却出现了微小下降趋势，其原因可能是吸附量达到平衡后，强烈的机械力（剪切力或冲击力）的作用导致部分已包覆上的硅酸铝部分脱附。复合粉体适宜反应时间约为 30min。

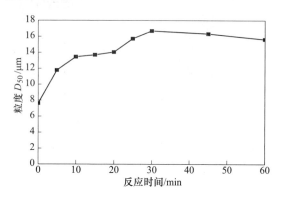

图 3-9　反应时间对硅灰石包覆硅酸铝复合粉体粒度的影响

3.1.6.5　固液比

图 3-10 为不同硅灰石与水固液比下硅灰石包覆硅酸铝复合粉体 SEM 图。固定包覆量为 5%，硫酸铝和硅酸钠溶液为滴加速度 1mL/min，反应温度为 80℃，pH 值为 7，硫酸铝浓度为 0.1mol/L，硅酸钠浓度为 0.3mol/L，反应时间为 30min，搅拌速度为 300~400r/min。

由图 3-10 可见，随着硅灰石与水固液比增大，硅酸铝粒子逐渐增大，当固液比为 1∶10 时，硅酸铝基本上已达到纳米级别且呈均匀包覆，因此适宜的硅灰石与水固液比为 1∶15~1∶10。

3.1.6.6　滴加速度

固定包覆量为 5%，固液比为 1∶15，反应温度为 80℃，pH 值为 7，硫酸铝溶液浓度为 0.1mol/L，硅酸钠溶液浓度为 0.3mol/L，反应时间为 30min，搅拌速度为 300~400r/min。配置摩尔量为 1∶3 的同体积硫酸铝和硅酸钠溶液，硅酸钠溶液滴加速度和硫酸铝溶液滴加速度相等。

表 3-3 为不同滴速时硅灰石包覆硅酸铝复合粉体白度和粒度。由表 3-3 可以看出，随着滴速的增大，白度和粒度都逐渐减少，当滴速大于 3mL/min 时，复合粉体粒度 D_{50} 小于原料 D_{50}，表明部分硅酸铝粒子以均匀形核析出，没有包覆在硅灰石上（见图 3-11）。这是因为[15]硅灰石悬浮液是多相系统，界面吉布斯自由能较大，能自发吸附溶液中的离子以降低其表面自由能，且一般情况下优先吸附

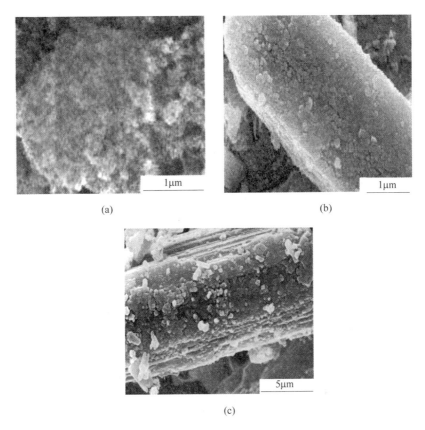

图 3-10 不同固液比下硅灰石包覆硅酸铝复合粉体 SEM 图
(a) 1 : 15；(b) 1 : 10；(c) 1 : 5

与自己本身有相同化学元素的离子，硅灰石主要由 CaO 和 SiO_2 组成，因此当往硅灰石悬浮液中滴加硫酸铝和硅酸钠溶液时，硅灰石会自发吸引硅酸根离子，当硅灰石表面吸附了硅酸根离子带上电荷后，它一定会吸引溶液中带有相反电荷的铝离子，被吸引的铝离子在溶液中受到两方面的作用，一方面是固体表面所带异电荷硅酸根的吸引；另一方面是铝离子本身的热运动。二者作用平衡的结果是使铝离子中仅有一部分紧密排列在硅灰石颗粒表面附近形成紧密吸附层，即生成硅酸铝包覆在硅灰石表面，紧密吸附层中的铝离子与硅灰石颗粒之间吸引力强，为不流动层，其余的铝离子由吸附层表面向溶液内部扩散形成所谓扩散层，扩散层中的铝离子与硅灰石颗粒间吸引力较弱，是流动层。随着悬浮液中离子浓度增加，与铝离子电性相同的离子将会较多的进入吸附层，当吸附层中的铝离子增加到能够完全中和硅灰石表面的硅酸根时，复合粒子达到等电态。随着滴速的增大，硅灰石悬浮液中硅酸根浓度增大，离子接触机会增加，有些硅酸根离子在还没有吸附在硅灰石表面之前就已与铝离子反应生成硅酸铝析出而不是包覆在硅灰石表面，这就是随着滴速增加 D_{50} 减小的原因。因此在实验时应控制滴速在 $1\sim2\text{mL/min}$。

表 3-3　硫酸铝和硅酸钠溶液滴速对复合粉体白度和粒度的影响

滴加速度/mL·min⁻¹	1	2	3	4
白度/%	92.3	92	91.7	91
粒度 D_{50}/μm	11.67	11.34	7.43	7.32

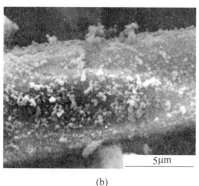

(a)　　　　　　　　　　　　　　　(b)

图 3-11　不同滴加速度下无机包覆改性粉体 SEM 图

（a）1mL/min；（b）3mL/min

3.1.6.7　硫酸铝浓度

增大包覆体系中硫酸铝溶液浓度也就相当于增大了反应体系的过饱和度。由公式（3-4）可知，在沉淀物硅酸铝溶解度一定的情况下，溶液的过饱和度越大，成核位能就越小。根据晶体生长理论，成核位能越小，粒子成核速率就越快。虽然过饱和度对硅酸铝粒子生长速率也有影响，但对其生长速率的影响比对其成核速率的影响小。

图 3-12 描述了溶液过饱和度对成核速率 I、粒子生长速率 U 和析出晶粒半径 r 的影响。如图 3-12 所示，过饱和度增大会使粒子成核速率和生长速率都增大，但增长速度不同；当过饱和度增大时，成核速率小于生长速率，析出的晶粒半径较大；当过饱和度继续增大时，成核速率比生长速率增大地更快，析出的晶粒半径迅速减小。粒子越小，表面自由能越高，随着粒子尺寸的减小，具有较高表面自由能的粒子就变成热力学不稳定，将通过团聚来降低表面自由能，以达到稳定的状态。所以，粒子越小，团聚的趋势越大。

固定包覆量为 5%，固液比为 1∶15，反应温度为 80℃，pH 值为 7，反应时

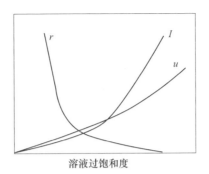

图 3-12 成核速率 (I)、生长速率 (U) 及析出晶粒
半径 (r) 与溶液过饱和度之间的关系

间为 30min, 搅拌速度为 300~400r/min。图 3-13 为不同硫酸铝溶液浓度时硅灰石包覆硅酸铝复合粉体的 SEM 图。

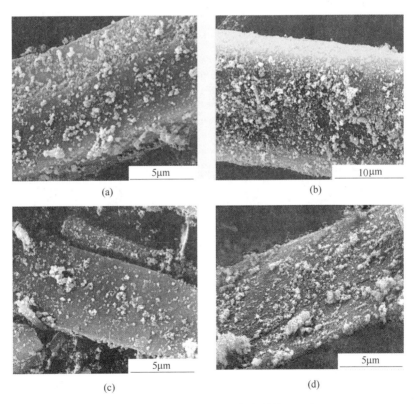

图 3-13 不同硫酸铝浓度下复合粉体 SEM 图

(a) 0.05mol/L；(b) 0.1mol/L；(c) 0.15mol/L；(d) 0.2mol/L

如图 3-13 所示，当硫酸铝溶液浓度为 0.05mol/L 时，包覆体系过饱和度较低，生成的硅酸铝粒子粒径较大；当包覆体系的硫酸铝溶液浓度为 0.1mol/L 时，生成的硅酸铝粒子粒径逐渐减小，不会出现一次粒子紧密团聚形成二次粒子的现象；随着硫酸铝溶液浓度提高，硅酸铝粒径逐渐减小，当硫酸铝溶液浓度增大到 0.15mol/L 时，体系中过饱和度上升，析出的硅酸铝晶粒粒径减小，粒子的表面能增高，团聚的趋势增强，生成的硅酸铝开始出现团聚体，包覆体系也由稳定体系转变为不稳定体系，当硫酸铝溶液浓度增大到 0.2mol/L 时，生成的硅酸铝粒子粒径非常小，但是团聚现象也非常严重。因此，实验中控制硫酸铝溶液浓度为 0.1mol/L。

3.1.6.8　包覆量

硅酸铝包覆量直接影响硅灰石颗粒表面硅酸铝粒子包覆率，但包覆率很难表征，笔者通过硅灰石包覆硅酸铝复合粉体形貌、白度、粒度考查了包覆量对包覆效果的影响。固定硅灰石与水固液比为 1∶15，反应温度为 80℃，硫酸铝和硅酸钠溶液滴加速度为 1mL/min，反应时间为 30min，pH 值为 7，硫酸铝浓度为 0.1mol/L，硅酸钠浓度为 0.3mol/L，搅拌速度为 300～400r/min。包覆量对复合粉体白度和粒度的影响如图 3-14 所示。

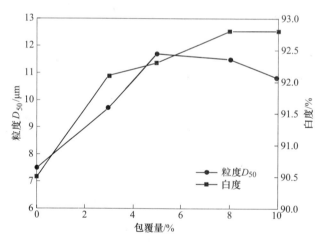

图 3-14　包覆量对硅灰石包覆硅酸铝复合粉体白度和粒度的影响

如图 3-14 所示，随着包覆量的增加，复合粉体的白度逐渐增加，当包覆量为 8% 时达到最大，随后基本趋于平衡；复合粉体粒度逐渐增加，当包覆量在 5% 时达到最大，随后逐渐减小，这可能是因为在其他条件固定时，包覆量越大，则溶液中铝离子和硅酸根离子的过饱和度越大，当包覆量大于一定量时，溶液中过饱和度超过非均匀形核所需，溶液中瞬间生成大量硅酸铝粒子，成核速率大于生长速率，许多硅酸铝粒子呈游离状态，均匀形核发生，导致无机包覆改性粉体粒度减小。为了证明判断是否正确，对其进行 SEM 分析（见图 3-15）。如图 3-15 所示，当包覆量为 5% 时，硅灰石表面均匀的包覆了一层硅酸铝，当包覆量为 8% 时可以看到少量未覆盖在硅灰石纤维表面的游离的硅酸铝。

综上所述，硅灰石包覆硅酸铝复合粉体适宜的条件为：采用并流双加方法，硅灰石与水固液比为 1∶15~1∶10，反应温度为 50~80℃，硫酸铝和硅酸钠溶液滴速为 1~2mL/min，反应时间为 30min，pH 值为 7，硫酸铝溶液浓度为 0.1mol/L，硅酸钠溶液浓度为 0.3mol/L，搅拌速度为 300~400r/min。

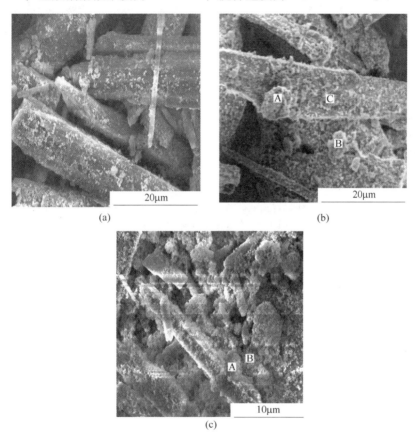

图 3-15　不同包覆量下硅灰石包覆硅酸铝复合粉体 SEM 图
（a）3%；（b）5%；（c）8%

3.2　硅灰石包覆硅酸铝复合粉体表征

3.2.1　表面形貌

图 3-16 是硅灰石颗粒和硅灰石包覆硅酸铝颗粒的扫描电镜图。由图 3-16（a）可见，硅灰石呈纤维状，具有高的长径比和平滑的结晶解理面；由图

3-16（b）可知，包覆后硅灰石颗粒表面变得粗糙，沉积着许多细小的硅酸铝粒子，反应生成的硅酸铝依据非均匀成核原理在硅灰石表面沉积、形核、生长，实现表面包覆。由相变热力学可知，成核晶体和晶核的原子排列越相似，非均匀形核自由能与均匀形核自由能相比就越小，非均匀形核自由能越小，越有利于非均匀形核。硅酸铝与硅灰石都有羟基且都属于硅酸盐类矿物[16,17]，从热力学的角度可以证明硅酸铝易于在硅灰石颗粒表面成核、生长，达到表面包覆的目的。

(a)　　　　　　　　　　　　　　　(b)

图 3-16　硅灰石和硅灰石包覆硅酸铝复合粉体的 SEM 图
（a）硅灰石；（b）硅灰石包覆硅酸铝复合粉体

3.2.2　表面元素

笔者采用扫描电镜能量分析谱对硅灰石和硅灰石包覆硅酸铝复合粉体表面元素进行了测定，结果如图 3-17 和表 3-4 所示。图 3-17 为硅灰石包覆硅酸铝复合

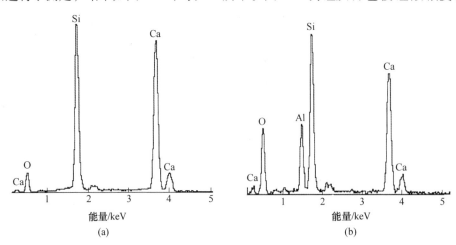

(a)　　　　　　　　　　　　　　　(b)

图 3-17　硅灰石和硅灰石包覆硅酸铝复合粉体能谱图
（a）硅灰石；（b）硅灰石包覆硅酸铝复合粉体

粉体表面任意点的 EDS 能谱分析图。硅灰石中元素以 Si、O、Ca 为主,不含 Al_2O_3;复合粉体中除了硅灰石本身的元素外,又出现 Al 峰。由表 3-4 可以看出,复合粉体中 Al_2O_3 和 SiO_2 含量增加,CaO 含量减小,说明复合粉体表面包覆了硅酸铝。

表 3-4 硅灰石和复合粉体 EDS 能谱分析

元素含量/%	CaO	SiO_2	Al_2O_3
硅灰石	50.69	49.31	—
硅灰石包覆硅酸铝复合粉体	40.13	50.77	9.1

3.2.3 比表面积

表 3-5 为硅灰石和硅灰石包覆硅酸铝复合粉体比表面积。如表 3-5 所示,硅灰石表面硅酸铝包覆改性后的比表面积相对于包覆改性前提高了 200% 以上,说明硅灰石表面包覆了大量微细的硅酸铝粒子,表面粗糙度提高,此结果与 SEM 观察的表面形貌图像是一致的。硅灰石比表面积增大,可以提高其填充聚合物性能。

表 3-5 硅灰石和硅灰石包覆硅酸铝复合粉体的比表面积

样 品	硅灰石	复合粉体
比表面积/$m^2 \cdot g^{-1}$	1.41	4.78

3.2.4 XRD 分析

图 3-18 为硅灰石和硅灰石表面包覆硅酸铝复合粉体的 X 射线衍射分析图谱。

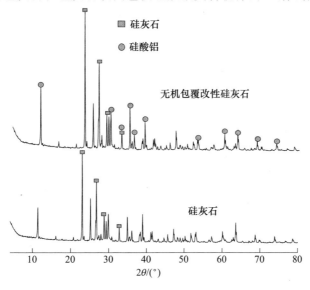

图 3-18 硅灰石和硅灰石包覆硅酸铝复合粉体 XRD 图

硅灰石 CaSiO₃ 在常温常压下主要有两种结构，单斜晶系和三斜晶系。由图 3-18 所示 XRD 衍射图谱，对照 PDF 卡片 43-1460，得知硅灰石为三斜晶系的 CaSiO₃，曲线在 2θ 为 23.07°、26.24°、28.93°、32.76°处衍射峰与 CaSiO₃ 标准卡 43-1460 一致，经硅酸铝包覆改性后硅灰石衍射峰发生了变化，出现了硅酸铝的衍射峰。包覆硅酸铝粒子的平均单晶粒径（D）可以由 Scherrer 公式 $D = K\lambda/(B\cos\theta)$ 计算[18]求得，式中，B 为最强衍射峰衍射面附近慢扫描的 XRD 谱中半峰宽（$B = 0.00257$）；K 为 Scherrer 常数，$K = 0.89$，$\lambda = 0.154\text{nm}$，$2\theta = 23.1408°$。由此可计算出表面包覆的硅酸铝的平均晶粒尺寸为 54nm。

3.2.5　FTIR 分析

图 3-19 为硅灰石和硅灰石包覆硅酸铝复合粉体的 FTIR 谱分析。可以看出经硅酸铝包覆改性后，1059.59cm⁻¹ 处 Si—O—Si 的非对称伸缩振动吸收峰移至 1085.53cm⁻¹ 处，451.20cm⁻¹ 处 Ca—O 伸缩振动吸收峰移至 451.68cm⁻¹ 处，3459.73cm⁻¹ 处 O—H 的伸缩振动特征吸收峰和 1421.78cm⁻¹ 处 O—H 的弯曲振动特征吸收峰移至 3459.91cm⁻¹ 和 1421.37cm⁻¹ 处，且其振动峰强明显加大，说明硅灰石包覆硅酸铝复合粉体表面羟基增多，可以增加其与偶联剂的反应概率，有助于用硅烷偶联剂对其进行表面有机改性[19]。

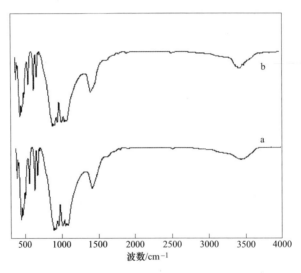

图 3-19　硅灰石表面硅酸铝包覆改性前后 FTIR 图
a—硅灰石；b—硅灰石包覆硅酸铝复合粉体

3.2.6　无机包覆改性硅灰石颗粒包覆层与基体界面结合强度评价

笔者评价了复合粉体表面硅酸铝包覆层与基体硅灰石母粒之间的结合强度。

将硅灰石包覆硅酸铝复合粉体悬浮液在100W超声波清洗器中进行超声振荡1h，然后在扫描电子显微镜下观察。图3-20为超声振荡前后复合粉体的SEM图。由图3-20可以看出，经过超声波振荡后，复合粉体基本保持原来状态，包覆层颗粒几乎没有脱落现象。若包覆层颗粒和基体间仅发生物理吸附，则超声波振荡应使两者分离，而图3-20（b）中SEM表明二者结合仍完好紧密。由此判断：表面包覆硅酸铝后包覆层和硅灰石基体颗粒间结合强度良好，包覆颗粒和基体颗粒是长成一体的，结合状态应为化学键合。

表3-6为超声振荡前后硅灰石包覆硅酸铝复合粉体粒度、白度和吸油值。如表3-6所示，超声振荡1h后，复合粉体白度没变，吸油值和粒度改变很小，可以认为是由实验误差引起的，这进一步证明硅灰石表面硅酸铝包覆层和基体硅灰石颗粒结合紧密，结合强度较高。

（a） （b）

图3-20 超声振荡前后硅灰石包覆硅酸铝复合粉体的SEM图
（a）超声振荡前；（b）超声振荡后

表3-6 复合粉体超声振荡前后白度、粒度和吸油值

样 品	超声振荡前	超声振荡后
白度/%	92.5	92.5
吸油值/mL·g⁻¹	0.45（硅酸铝为1.12）	0.46
粉体粒度 D_{50}/μm	11.55	11.32

3.3 复合粉体在聚丙烯（PP）和尼龙6（PA6）中的应用

为了研究无机/有机复合改性硅灰石对填充PP、PA6力学性能的影响，笔者设计了以下几个实验进行对比。

用硅灰石（1）、硅烷有机改性硅灰石（2）、无机硅酸铝包覆改性硅灰石（3）、无机/有机复合改性硅灰石（4）分别填充 PP 和 PA6，填充 PP 质量分数均为 40%，填充 PA6 质量分数均为 30%，检测其力学性能和热变形温度，结果见表 3-7 和表 3-8。由表 3-7 可以看出，硅灰石质量分数为 40% 的硅灰石/PP 复合材料与纯 PP 相比，弯曲强度和热变形温度均大幅提高，其中热变形温度提高 35℃，弯曲强度提高 45.9%，拉伸强度仅提高 3.81%，冲击强度显著下降。由表 3-8 可以看出，硅灰石质量分数为 30% 的硅灰石/PA6 复合材料与纯 PA6 相比，弯曲强度和热变形温度均大幅提高，其中热变形温度提高 71.4℃，弯曲强度提高 25.1%，拉伸强度仅提高 1.25%，冲击强度显著下降。

表 3-7　填充 PP 复合材料力学性能和热性能

样　品	PP	1	2	3	4
缺口冲击强度/kJ · m^{-2}	8.42	3.95	4.17	4.15	4.68
拉伸强度/MPa	17.81	18.49	21.58	20.45	21.97
弯曲强度/MPa	23.72	34.6	37.04	38.02	39.2
热变形温度/℃	65.7	100.7	102.9	90.3	94.3

表 3-8　填充 PA6 复合材料力学性能和热性能

样　品	PA6	1	2	3	4
缺口冲击强度/kJ · m^{-2}	7.18	4.11	6.54	4.86	7.1
拉伸强度/MPa	63.16	63.95	73.09	71.65	80.26
弯曲强度/MPa	84.02	105.15	105.46	106.61	114.68
弯曲模量/MPa	2296.23	3007.09	3312.81	3258.22	3893.99
热变形温度/℃	72.5	143.9	147.9	161.1	165.2

加入硅灰石后，复合材料的热变形温度、弯曲强度与拉伸强度的提高程度表现不一样，其原因是[20]硅灰石粒子具有一定的长径比，在通过注塑成型制备试样时，部分硅灰石粒子沿试样的轴向取向，在测试试样热变形温度和弯曲强度时，试样是沿径向受力，沿轴向取向的硅灰石粒子两端镶嵌在 PP 和 PA6 中，无法从 PP 和 PA6 中拨出，弯曲变形产生的微裂缝又无法绕过，因此 PP 和 PA6 承受的弯曲应力几乎会全部传递给这些硅灰石粒子，硅灰石粒子可充分发挥其本身良好的弯曲强度。故加 40%（30%）的硅灰石后，PP 和 PA6 的热变形温度和弯曲强度可大幅度提高。测试拉伸强度时，试样沿轴向受力，硅灰石粒子尽管有一定的长径比，但并不大，由于硅灰石粒子与 PP 和 PA6 的界面黏结性能不好，因此当试样所受拉伸应力大至一定程度时，硅灰石粒子会从 PP 和 PA6 中拨出（见图 3-21，图中有硅灰石从 PP 和 PA6 中拨出的明显痕迹），而无法分担 PP 和 PA6 传递给它的应力，故硅灰石对 PP 和 PA6 的拉伸强度贡献很小。

有些刚性粒子由于能引发基体产生银纹或屈服变形，对基体有增韧作用，但笔者并未发现硅灰石对 PP 和 PA6 有增韧作用。如图 3-21 所示，硅灰石粒子并没有引发银纹或屈服变形，这大概是由于硅灰石粒子与基体 PP 和 PA6 界面间黏结力很弱，不足以引发 PP 和 PA6 产生银纹或屈服变形，硅灰石粒子与 PP 和 PA6 界面缺陷引起应力集中，从而导致冲击强度下降。

如表 3-7 和表 3-8 所示，复合改性硅灰石填充 PP 或 PA6 后，除缺口冲击强度比纯 PP 或 PA6 降低外，其他指标都比纯 PP 或 PA6 高，各项力学性能指标均显著好于未经复合改性的 1 号样品，也较其他样品（2、3）填充的 PP 或 PA6 材料的力学性能有不同程度的提高。填充质量分数 40% 的这种复合改性粉体可以使纯 PP 的拉伸强度由 17.81MPa 提高到 21.97MPa，弯曲强度由 23.72MPa 提高到 39.2MPa，热变形温度由 65.7℃ 提高到 94.3℃；填充 30% 的这种复合改性粉体可以使纯 PA6 的拉伸强度由 63.16MPa 提高到 80.26MPa，弯曲强度由 84.02MPa 提高到 114.68MPa，弯曲模量由 2296.23MPa 提高到 3893.99MPa，热变形温度由 72.5℃ 提高到 165.2℃，从而使其适应于不同领域，不仅提高了硅灰石的填充性能，而且显著节约了树脂（减少了复合材料中树脂的用量）。

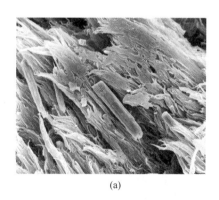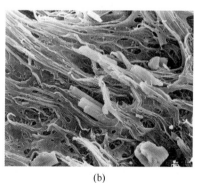

（a）   （b）

图 3-21　硅灰石填充 PP 和 PA6 拉伸断面扫描电镜图
（a）硅灰石填充 PP；（b）硅灰石填充 PA6

3.4 复合改性硅灰石粉体增强 PP、PA6 机理分析研究

3.4.1 硅灰石填料与聚合物的界面黏接状况

3.4.1.1 聚合物基体

图 3-22 分别为纯 PP 和纯 PA6 试样的常温冲击断面 SEM 照片。由图 3-22（a）和（b）可以看出，在常温下，纯 PP 和纯 PA6 材料冲击断面是细小的裂纹，断面粗糙，纹路细小。

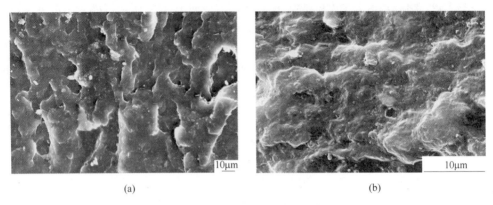

(a)　　　　　　　　　　　　　　(b)

图 3-22　纯 PP 和纯 PA6 的冲击断面扫描电镜图

(a) 纯 PP；(b) 纯 PA6

3.4.1.2　硅灰石原料

图 3-23 为硅灰石原料填充 PP 和 PA6 材料的冲击断面扫描电镜图。从图 3-23（a）和（b）可以看出，硅灰石在 PP、PA6 中的分散情况不好，有明显的团聚现象，说明硅灰石与基体 PP 和 PA6 之间的相容性较差，即使经过造粒时双螺杆强烈的剪切和挤压，也不能达到很好的分散效果，硅灰石在捏合过程中碎断现象严重，针状硅灰石颗粒的周围分布着许多粒状的碎屑；另外，硅灰石与基体 PP 和 PA6 之间的界面作用力很弱，从冲击断口表面可以明显看到硅灰石粒子脱落的痕迹，而且脱落面平滑，很多硅灰石颗粒没有很好地与基体 PP 和 PA6 结合，只是黏附在 PP 和 PA6 基料上。以上情况均可说明，硅灰石与基体 PP 和 PA6 之间的界面作用力较差，不易分散均匀，再加上两者的热膨胀系数差别较大，复合材料内部的各种应力得不到很好的缓解，因此直接导致复合材料的力学性能劣化。

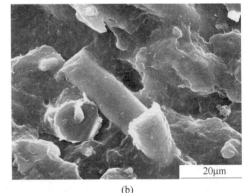

(a)　　　　　　　　　　　　　　(b)

图 3-23　硅灰石填充 PP 和 PA6 材料的冲击断面扫描电镜图

(a) 填充 PP；(b) 填充 PA6

3.4.1.3 硅烷改性硅灰石

图 3-24 为硅烷改性硅灰石填充 PP 和 PA6 材料的冲击断面扫描电镜图。从图 3-24（a）和（b）可以看出，硅烷改性硅灰石与基体 PP 和 PA6 之间的相容性好于硅灰石原料，硅灰石根部与 PP 和 PA6 紧密相连，其被拨出部分表面附着的 PP 和 PA6 树脂较多，多数硅灰石粒子是嵌在基体 PP 和 PA6 中而不是露在外面的，少量硅灰石粒子上还可以观察到与基体 PP 和 PA6 之间发生黏接的现象，整体的分散性也比硅灰石原料要好。这说明硅烷偶联剂能够在 PP、PA6 和硅灰石之间形成较强的界面结合。当复合材料受到外力作用时，结合强度较高的界面可以将 PP 和 PA6 所承受的应力传递给硅灰石，使模量较高的硅灰石承担了大部分应力，发挥了硅灰石的增强作用；并且由于硅灰石纤维的轴向传递作用，应力被迅速分散，从而阻止了裂纹的增长。因此，在宏观上显示出填充材料的力学性能得到大幅度提高[21]。但还是可以看到材料断口表面仍有硅灰石粒子脱落现象，这说明即使经过硅烷改性处理，硅灰石和聚合物基体 PP 和 PA6 之间的界面作用力还是不大，因此，单独的硅烷对硅灰石的有机表面改性还没有达到所需要的效果。

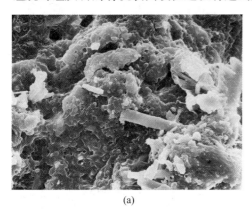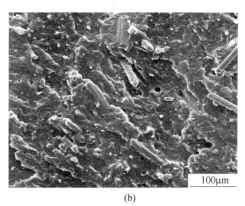

(a)   (b)

图 3-24　硅烷改性硅灰石填充 PP（a）和 PA6（b）冲击断面扫描电镜图

3.4.1.4 硅灰石包覆硅酸铝复合粉体

图 3-25 为硅灰石包覆硅酸铝复合粉体填充 PP 和 PA6 材料的冲击断面扫描电镜图。图 3-25（a）和（b）是指不同视野范围观察到的硅灰石包覆硅酸铝复合粉体填充 PP 材料的冲击断面形貌；图 3-25（c）和（d）是指不同视野范围观察到的硅灰石包覆硅酸铝复合粉体填充 PA6 材料的冲击断面形貌。可以看出，硅灰石包覆硅酸铝复合粉体与基体 PP 和 PA6 之间的相容性明显好于硅灰石，多数硅灰石粒子是嵌在基体 PP 和 PA6 中而不是露在外面，而且可以观察到硅灰石包覆硅酸铝复合粉体粗糙的表面及钝化的棱角使其与 PP 和 PA6 基体接触的面积增

大，使两者的界面结合性得到改善，整体的分散性也比未经处理的硅灰石要好。此外，经过表面无机硅酸铝包覆改性的硅灰石在基体中发生定向流动，即取向的程度比未经无机硅酸铝包覆改性和只进行有机表面改性的填料要明显。在基体中形成定向排列是硅灰石增强聚合物的一个很重要的原因，只有能形成这种定向排列的状态，其针状颗粒的填充增强效应才能很好的发挥出来。微小硅酸铝粒子包覆在硅灰石表面，使机械破碎造成的硅灰石表面锐利的棱角和平滑的晶体解理面得到部分的修饰和掩盖，整个硅灰石颗粒不再棱角突兀，而是更接近于圆柱体，这样的圆柱体表面能得到降低，更容易分散混合到聚合物熔体中，可以减少由于相互挤压摩擦而断裂成细小的碎屑，这样可以使硅灰石更容易在聚合物中沿熔体流动的方向形成定向排列。

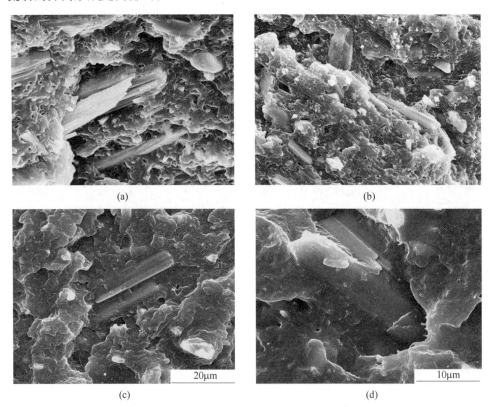

(a)   (b)

(c)   (d)

图 3-25　硅灰石包覆硅酸铝填充 PP 和 PA6 冲击断面扫描电镜图
(a)，(b) 填充 PP；(c)，(d) 填充 PA6

3.4.1.5　无机/有机复合改性硅灰石

图 3-26 为无机/有机复合改性硅灰石填充 PP 和 PA6 材料的冲击断面扫描电镜图。由图 3-26 (a) 和 (b) 可以看出，复合改性硅灰石与 PP 和 PA6 树脂的

黏结性较单一改性硅灰石相比，明显得到了改善。复合改性硅灰石填充 PP 和
PA6 后，硅灰石颗粒都嵌在基体中，仅有少量颗粒裸露在外面，硅灰石颗粒与基
体 PP 和 PA6 之间没有明显的分界线。这说明经复合改性后硅灰石颗粒与 PP 和
PA6 的结合性能得到了显著改善。另一方面由于硅灰石粒子填充的聚合物复合材
料发生破坏时，裂纹总是在硅灰石粒子与基体 PP 和 PA6 的界面处产生，因为这
里存在复合材料中相的过渡，是应力集中发生的明显区域，而当硅灰石填料表面
经过硅酸铝包覆后其粗糙的表面和锐利的棱角得到钝化，应力集中被分散，填充
PP 和 PA6 材料在外应力或热应力等作用下，更多的纳米级裂纹会萌生；而且由
于复合改性硅灰石填料表面的粗糙性，这些裂纹方向将不一致，因此裂纹在扩展
过程中将要发生不同程度的变向，才能将大量小裂纹联结在一起，这些都需要消
耗更多的能量才能得以实现，因此填充 PP 和 PA6 复合材料的强度得到了较大程
度的提高。

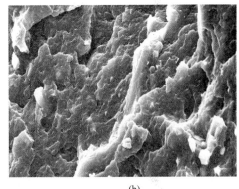

(a)   (b)

图 3-26 复合改性硅灰石填充 PP 和 PA6 冲击断面扫描电镜图
(a) 填充 PP；(b) 填充 PA6

3.4.2 数学模拟无机粒子与基体之间的作用

为了更好地证明在上面运用 SEM 研究界面效应过程中所表现出来的无机粒
子与基体之间的界面作用，笔者利用目前较为广泛采用的以下两个数学模型进行
模拟分析。

Nielsen 方程，见式（3-5）[22~25]。

$$\sigma_c = \sigma_m(1 - v_f)S \tag{3-5}$$

式中，σ_c 和 σ_m 分别为复合物和基体的拉伸强度；v_f 为无机粒子的体积分数；S
表征由于应力传递不连续及应力集中而导致粒子与基体间强度的弱化程度。S 越
小，表示界面黏接强度越弱。

Pukanszky 方程，见式（3-6）。

$$\sigma_{\mathrm{c}} = \frac{1 - v_{\mathrm{f}}}{1 + 2.5v_{\mathrm{f}}}\sigma_{\mathrm{m}}\exp(Bv_{\mathrm{f}}) \tag{3-6}$$

式中，参数 B 反映了无机粒子与基体之间界面黏接作用的强弱。

各体系中无机粒子的体积分数 v_{f} 均按式（3-7）从质量含量计算（其中 ρ_{m}、ρ_{f} 分别是基体和无机粒子的密度，w_{f} 为复合体系中无机粒子的质量分数）。

$$v_{\mathrm{f}} = \frac{\rho_{\mathrm{m}}w_{\mathrm{f}}}{(\rho_{\mathrm{m}} - \rho_{\mathrm{f}})w_{\mathrm{f}} + \rho_{\mathrm{f}}} \tag{3-7}$$

根据表 3-7 和表 3-8 中已测出的各种复合体系的拉伸强度值，利用上述两个方程所求出各自表征界面作用强度的参数，即方程（3-5）中的 S 和方程（3-6）中的 B，列于表 3-9 和表 3-10。为了能和扫描电镜照片所表现出来的现象相互说明，笔者分别计算了不同表面改性的硅灰石填充 PP 和 PA6 复合体系的 S 和 B 值。其中 PP 的密度 $\rho_{\mathrm{m}} = 0.91\mathrm{g/m}^3$，PA6 的密度 $\rho_{\mathrm{m}} = 1.75\mathrm{g/cm}^3$，硅灰石粉体的密度 $\rho_{\mathrm{f1}} = 2.85\mathrm{g/cm}^3$，无机硅酸铝包覆改性硅灰石粉体的密度 $\rho_{\mathrm{f2}} = 2.90\mathrm{g/cm}^3$，硅烷改性硅灰石粉体的密度 $\rho_{\mathrm{f3}} = 2.95\mathrm{g/cm}^3$，无机/有机复合改性硅灰石粉体的密度 $\rho_{\mathrm{f4}} = 3.01\mathrm{g/cm}^3$。

表 3-9　硅灰石填充聚丙烯的 S 和 B 值

样品	1	2	3	4
S	1.26	1.46	1.38	1.48
B	3.39	4.31	3.99	4.44

表 3-10　硅灰石填充尼龙 6 的 S 和 B 值

样品	1	2	3	4
S	1.28	1.45	1.43	1.59
B	3.19	3.86	3.75	4.34

注：1 为硅灰石；2 为有机改性硅灰石；3 为无机包覆改性硅灰石；4 为无机/有机复合改性硅灰石。

从表 3-9 中数据可以看出，对于硅灰石填充 PP 复合体系，硅灰石直接填充时，S、B 值分别为 1.26、3.39，经无机硅酸铝包覆改性后分别为 1.38、3.99，说明经无机硅酸铝包覆改性后硅灰石填充 PP 界面有了一定的改善，无机/有机复合改性后 S、B 值提高到 1.48、4.44。对比表 3-9 中 S 和 B 值，可以看出对于硅灰石和 PP 之间的界面黏结作用，无机/有机复合改性>硅烷改性>无机硅酸铝包覆改性>直接填充。对于硅灰石填充 PA6 复合体系，对比表 3-10 中的 S 和 B 值，也可以得到同样的结果，再一次验证了扫描电镜得出的结论。

3.4.3　复合改性粉体增强 PP、PA6 机理分析

3.4.3.1　硅灰石比表面积增大

填料的比表面积与其颗粒的粒径、形状、孔隙以及表面粗糙度有关。填料颗

粒的粒径越小、孔隙越多、形状越不规则、表面粗糙度越大，则填料的比表面积越大，填料的许多性能及填充增强效果均与其比表面积有关。

由图 3-16 和表 3-4 可知，硅灰石包覆硅酸铝复合粉体表面平滑的解理面变得粗糙，比表面积增大，增加了颗粒与有机基体的啮合点或作用点，分散了复合材料受外力作用时的应力，使复合材料中硅灰石颗粒与有机基体界面的作用得以增强，显著改善了充填颗粒与有机基体界面状况。图 3-23～图 3-26 所示的硅灰石填充 PP、PA6 复合材料的冲击断口扫描电镜照片可进一步对此进行解释。

3.4.3.2 粉体表面活性化

图 3-27 为硅灰石、硅灰石包覆硅酸铝复合粉体、无机/有机复合改性硅灰石填料的 FTIR 谱分析。由曲线 2 可以看出，经无机硅酸铝包覆改性后，硅灰石表面羟基增多。由曲线 3 看出，复合改性后硅灰石的特征吸收峰与曲线 2 相比也发生了偏移，$1421.37cm^{-1}$ 处 O—H 的弯曲振动特征吸收峰移至 $1408.53cm^{-1}$ 处，且振动峰强明显减小，$3459.91cm^{-1}$ 处 O—H 的伸缩振动特征吸收峰消失，$2921.84cm^{-1}$、$2852.05cm^{-1}$ 处出现了新的吸收峰，经分析为亚甲基—CH_2—的特征吸收峰，$3445.95cm^{-1}$ 处经分析为—NH—的伸缩振动特征吸收峰，说明硅烷和无机硅酸铝包覆改性硅灰石表面的羟基发生了反应。

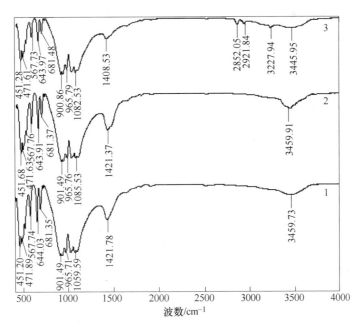

图 3-27 硅灰石、硅灰石包覆硅酸铝及复合改性硅灰石 FTIR 谱
1—硅灰石；2—无机改性硅灰石；3—复合改性硅灰石

　　通过硅灰石、无机硅酸铝包覆改性硅灰石、无机/有机复合改性硅灰石红外光谱图的对比分析，可以得出硅烷对无机硅酸铝包覆改性硅灰石的改性作用机理为：硅烷偶联剂首先发生水解形成硅醇，然后与无机硅酸铝包覆改性硅灰石粉体表面的羟基反应，形成氢键并缩合成—Si—O—M共价键（M表示无机改性粉体表面）。同时，硅烷各分子的硅醇又相互缩合齐聚形成网状结构的膜，覆盖在无机硅酸铝包覆改性粉体颗粒表面，使无机硅酸铝包覆改性粉体表面有机化。硅烷与无机硅酸铝包覆改性粉体作用机理如图3-28所示。

　　文献［26］认为硅烷是一类两性结构的有机物，其分子中的一部分基团可与硅灰石表面的羟基反应，另一部分有机基团可与PP、PA6高分子链形成物理连接。因此通过上述分析可得复合改性粉体填充PP、PA6增强机理为：硅烷分子中的一部分基团与无机硅酸铝包覆改性硅灰石表面的羟基反应，另一部分有机基团与PP、PA6高分子链形成物理连接，这样在无机硅酸铝包覆改性粉体与PP、PA6之间起到了类似"桥梁"的作用，使两者紧密联结，并在两者之间形成一定厚度的柔性界面层。当材料受到外力作用时，可以通过此柔性界面层将应力由局部传递到整个物体，从而使材料的力学性能提高。

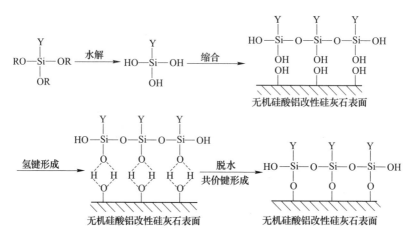

图3-28　硅烷与硅灰石包覆硅酸铝复合粉体作用机理

参 考 文 献

［1］李建平，谢玉玲，李前懋. 硅灰石——一种新兴的工业矿物［J］. 地质与勘探，1996，32（3）：28~33.

［2］Risbud M, Saheb D N, Jog J, et al. Preparation, characterization and in vitro biocompatibility evaluation of poly（butylene terephtalate）/wollastonite composites［J］. Biomaterials, 2001,

22 （12）：1591～1597.

［3］Gai G S, Yang Y F, Fan S M, et al. Preparation and properties of composite mineral powders ［J］. Powder Technology, 2005, 153 （3）：153～158.

［4］Yang Y F, Gai G S, Fan S M, et al. Nanostructured modification of mineral particle surfaces in Ca(OH)₂-H₂O-CO₂ system ［J］. Journal of Materials Processing Technology, 2005, 170 （1-2）：58～63.

［5］Švab I, Musil V, Šmit I, et al. Mechanical properties of wollastonite-reinforced polypropylene composites modified with SEBS and SEBS-g-MA elastomers ［J］. Polymer Composites, 2009, 30 （7）：1007～1014.

［6］贺昌城，任世荣. 我国硅灰石及其填充塑料的研究进展 ［J］. 合成树脂及塑料，2003，20 （2）：79～82.

［7］杨彬，严昶. 针状硅灰石增强聚丙烯在汽车壳体上的应用与开发 ［J］. 汽车工艺与材料，2005 （5）：34～37.

［8］Yang Y F, Gai G S, Fan S M. Surface nano-structured particles and characterization ［J］. Int. J. Miner. Process, 2006, 78：78～84.

［9］袁继祖. 非金属矿物填料与加工技术 ［M］. 北京：化学工业出版社，2007.

［10］张锐，高濂，郭景坤. 非均相沉淀法制备 Cu 包裹纳米 SiC 复合粉体颗粒 ［J］. 无机材料学报，2003，18 （3）：575～579.

［11］宴泓，张猛，赵兴国，等. 非均相沉淀法制备纳米 Al₂O₃/金属复合粉体 ［J］. 复合材料学报，2004，21 （4）：114～117.

［12］丁延伟，范崇政. 纳米二氧化钛表面包覆的研究 ［J］. 现代化工，2001，21 （7）：18～22.

［13］Look Jee Loon, Zukoski Charles F. Colloidal stability and titanium precipitate morphology：influence of short-range repulsions ［J］. J. Am. Ceram. Soc., 1995, 78 （1）：21～32.

［14］李晓波，周康根，陈一恒. CaZrO₃ 包覆 Ni 超细复合粉体的制备及其抗氧化性研究 ［J］. 材料科学与工程学报，2006，6 （24）：900～903.

［15］贺可音. 硅酸盐物理化学 ［M］. 武汉：武汉理工大学出版社，2006.

［16］张英华，赵启红，李来发，等. 微波干燥法制备纳米硅酸铝 ［J］. 化工时刊，2007，21 （6）：1～3.

［17］赵文俞，张清杰，彭长琪. 硅灰石分子结构的 FTIR 谱 ［J］. 硅酸盐学报，2006，34 （9）：1137～1139.

［18］Pan B L, Yue Q F, Ren J F, et al. A study on attapulgite reinforced PA6 composites ［J］. Polymer Testing, 2006, 25 （3）：384～391.

［19］冯钠，苏鸿翔，王志强，等. 表面处理工艺对 PA6/硅灰石复合材料力学性能的影响 ［J］. 工程塑料应用，2009，37 （1）：5～9.

［20］李跃文，陈兴华，陈丹，等. LDPE 对 PP/硅灰石复合材料增韧改性的研究 ［J］. 塑料工业，2008，36 （7）：24～27.

［21］Tong J, Ma Y H, Arnell R D, et al. Free abrasive wear behavior of UHMWPE composites filled with wollastonite fibers ［J］. Composites, Part A：Applied Science and Manufacturing,

2006, 37 (1): 38~45.

[22] William A T. The science of crystallization microscopic interfacial phenomena [M]. Cambridge: Cambridge University Press, 1991.

[23] Dirksen J A, Ring T A. Fundamentals of crystallization: kinetics effects on particle size distributions and Morphology [J]. Chem. Eng. Sci, 1991, 46 (10): 2389~2427.

[24] Rothon R. Particulate filled polymer composites [M]. U K: Longman Scientific & Technical, 1995.

[25] Landel R F, Nielsen L E. Mechanical properties of polymers and composites [M]. New York: CRC Press, 1993.

[26] 刘新海，杨友生，沈上越，等. 硅灰石粉体对增强尼龙 6 的影响研究 [J]. 化工矿物与加工, 2004, (4): 5~7, 11.

4 硅灰石基无卤阻燃复合粉体制备及应用

<<<<<<<<<<<<<<<<<<<<<<<<<<<<<<<<<<<<<<<<<<<<<<<<<<<<<<<<<<<<

高分子材料一般都是易燃或可燃的，且燃烧后会产生大量的有毒烟气，造成严重的人员伤亡和财产损失。目前世界各国都在积极采用各种新技术来消除火灾隐患，减少火灾损失，其中对高分子材料进行合理的阻燃处理被认为是可从根本上预防和减少火灾发生的战略性措施之一。

阻燃剂可分为有机阻燃剂和无机阻燃剂两大类。有机阻燃剂具有添加量少，性价比高，与合成材料的相容性和稳定性好以及能保持阻燃制品原有的物化性能等优点。但填充此类阻燃剂的材料燃烧时会放出大量有毒和腐蚀性气体，不仅产生"二次灾害"，腐蚀周围物品，污染环境，而且会使人因烟气窒息而死。因此，阻燃剂的无卤化、抑烟已成为当前和今后阻燃研究领域的前沿课题和阻燃技术的主要发展方向之一。

乙烯-乙酸乙烯共聚物（EVA）因具有良好的柔韧性、光学性能、耐低温性能及耐环境应力开裂性，被广泛应用于发泡材料、功能性棚膜、包装膜、热熔胶、电线电缆及玩具等领域。但 EVA 同大多数聚合物一样，容易燃烧，且放热量大、发烟量大，并释放有毒气体，从而大大限制了其应用[1]。随着人类环境保护意识的不断增强，采用无卤、低烟、低毒的环保型阻燃剂制备阻燃 EVA 复合材料的研究越来越引起人们的重视[2]。

国内外研究人员将 EVA 阻燃材料的研究主要放在消耗量最大的氢氧化铝（ATH）和氢氧化镁（MH）上[3~5]，它们来源丰富，价格低廉，无毒、无腐蚀性，稳定性好，且具有阻燃、消烟、填充的功能，其中 MH 的分解温度高于ATH，且促使基材成炭效果的能力以及阻燃抑烟效果都好于 ATH[6]。此外，MH还能中和燃烧过程中的酸性、腐蚀性气体。但 MH 填充量大，与聚合物结合力小、相容性差，以至阻燃的 EVA 复合材料的力学性能和加工性能受损严重[7]。

由于不同种类的非金属矿物填料颗粒形状、化学成分、晶体结构及物理化学性质不同，其对填充高聚物基复合材料的力学性能、热学性能、电学性能及加工性能等的影响也将不同，将两种以上非金属矿物填料进行复合和表面改性，使填料体系的体相结构复杂化和表面活性相容化，不同颗粒形状、化学成分、晶体结构及物理化学性质的非金属矿物填料有机结合，在填充时取长补短、相互配合，可以实现无机非金属矿物填料填充性能的优化。

文献[8]通过在氢氧化铝表面包覆氢氧化镁和氧化锌，制得镁包铝和锌包铝复合粉体材料，该复合粉体材料填充 EVA 复合材料性能较单独的氢氧化铝填充 EVA 复合材料性能有显著提高。因此，针对 EVA 的硅灰石表面改性工艺中，笔者选用硫酸镁、硫酸锌和氢氧化钠为包覆剂，通过非均匀形核法在硅灰石表面包覆氢氧化镁或氧化锌，并对其进行有机改性，使其能够代替部分改性氢氧化镁填充 EVA，同时利用硅灰石的针状结构提高 EVA 电缆料的力学性能以弥补氢氧化镁阻燃填料的不足。

经过表面无机包覆改性的硅灰石复合粉体具有大的比表面积，高的白度，粗糙的表面等特点，这些特点将使得复合粉体在塑料等高聚物复合材料中使用具有优势。同时，无机包覆改性硅灰石复合粉体与普通的硅灰石填料相比还具有以下优势：

（1）对设备的磨损较小。在非金属矿中滑石粉的硬度最低（莫氏硬度为1），对设备及模具的磨损最轻，氢氧化镁（莫氏硬度2~3）和氧化锌（莫氏硬度2.5）比滑石粉硬度高，但比通常使用的氮化钢钢材表面要低很多，虽有磨损，但还不严重。但硅灰石的莫氏硬度为5~5.6，相当高，其填充塑料时对设备及磨具的磨损极为严重。一般加工几十吨物料后，螺杆的氮化层就不存在了。在硬度较大的硅灰石表面包覆一层硬度较小的纳米级氢氧化镁和氧化锌，可以减少填料对设备的磨损，有利于延长加工设备的使用寿命，对塑料生产厂家有重大意义。

（2）纯度高。非金属矿物粉体中含有的某些杂质可能会对聚合物高分子材料的耐光性、耐热性、绝缘性及介电性等带来不利的影响。硅灰石矿物粉体表面包覆氢氧化镁和氧化锌后，将其中的杂质包裹起来，可以减少杂质对塑料制品产生的不良影响，特别是复合材料白度的影响。

4.1　硅灰石表面无机改性及其在 EVA 电缆料中的应用研究

笔者通过在硅灰石表面包覆氢氧化镁或氧化锌对硅灰石进行了无机改性，通过正交试验极差和方差分析得出了镁包硅和锌包硅的优化改性工艺条件，采用 SEM、EDS、比表面积、XRD、FTIR 对优化条件下制备的镁包硅和锌包硅粉体进行了表征，并进行了镁包硅和锌包硅粉体在 EVA 中的应用研究。

4.1.1　原料分析

4.1.1.1　化学成分

本章以华杰泰矿纤科技有限公司硅灰石为原料。氢氧化镁由辽宁佳益五金矿产有限公司化学法合成的高纯氢氧化镁经气流粉碎机加工制得，化学成分见表4-1。以日本进口乙烯-醋酸乙烯共聚物（EVA，421）为基体。

表 4-1 氢氧化镁的主要化学成分

成分	SiO₂	CaO	MgO	Na₂O	H₂O
含量（质量分数）/%	0.36	0.056	68.69	0.001	30.42

4.1.1.2 粒度分布

硅灰石 A、硅灰石 B 和硅灰石 C 粒度分布如图 4-1 所示。其中硅灰石 A 由江西上高华杰泰矿纤科技有限公司提供，硅灰石 B 和硅灰石 C 分别由硅灰石 A 经实验室卧式砂磨机湿磨 2min 和 5min 制得，磨矿浓度为 40%（150g 硅灰石，225mL 水）。由图 4-1 知，随着磨矿时间延长，硅灰石粒度逐渐减小。

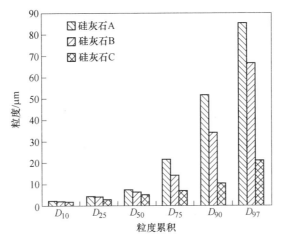

图 4-1 硅灰石 A、B、C 粒度分布图

气流粉碎氢氧化镁的粒度分布见表 4-2，由表 4-2 可知，氢氧化镁的最大粒度约 5μm。

表 4-2 氢氧化镁的粒度分布

粒度分布	D₁₀	D₂₅	D₅₀	D₇₅	D₉₀	D₉₇
粒度/μm	0.94	1.36	2.05	3.04	3.87	5.12

4.1.1.3 微观形貌

图 4-2 为硅灰石 A、B、C 和经气流磨粉碎后的氢氧化镁的扫描电镜图。由图 4-2（a）可以看出硅灰石呈纤维状，有较高的长径比；由图 4-2（b）和（c）可以看出湿磨后硅灰石长径比减小，出现了好多碎屑；由图 4-2（d）可以看出氢氧化镁是微米级颗粒，颗粒并不呈规则的六面体片层结构，而是不规则的粒状。

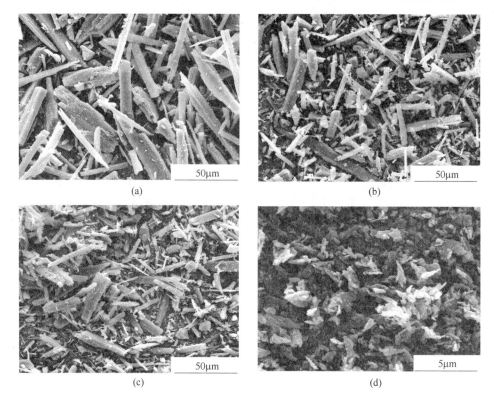

图 4-2　硅灰石 A、B、C 和经气流磨粉碎后的氢氧化镁 SEM 图
（a）硅灰石 A；（b）硅灰石 B；（c）硅灰石 C；（d）氢氧化镁

4.1.1.4　实验原料填充 EVA 性能

表 4-3 为硅灰石 A、B、C 和氢氧化镁填充 EVA 以及纯 EVA 性能。由表 4-3 可知，纯 EVA 拉伸强度、断裂伸长率和熔融指数都非常高，但其氧指数只有 17%，氢氧化镁填充 EVA 复合材料氧指数显著提高，而拉伸强度、断裂伸长率、熔融指数下降较快，硅灰石 A、B、C 填充 EVA 复合材料拉伸强度、断裂伸长率、熔融指数都较氢氧化镁填充 EVA 复合材料有所提高，而其氧指数还是很低，但较纯 EVA 相比还是提高很多。

表 4-3　实验原料填充 EVA 性能

样品	氧指数/%	拉伸强度/MPa	断裂伸长率/%	熔融指数/g·min^{-1}
硅灰石 A	22.8	7.96	306	3.22
硅灰石 B	23	8.58	269	3
硅灰石 C	22.9	8.44	266	2.65
氢氧化镁	36.1	5.8	146	0.36
纯 EVA	17	25.1	650	3.26

文献［8］指出镁包铝和锌包铝复合粉体材料填充 EVA 复合材料性能较单独的氢氧化铝填充 EVA 复合材料性能有所提高。因此，本章主要通过在硅灰石表面包覆氢氧化镁和氧化锌，代替部分氢氧化镁无机阻燃剂在 EVA 中使用。

4.1.2 正交试验

4.1.2.1 试验设计

包覆过程影响因素有：硅灰石粒度、硅灰石悬浮液浓度、盐溶液浓度、反应时间、盐溶液滴加速度、碱溶液浓度、碱溶液滴加速度、反应 pH 值、反应温度、理论包覆量（即试验设计的包覆物质和基体的质量之比）、搅拌速度等。笔者采用的是 $L_{27}(3^{13})$ 的正交试验表。正交试验的包覆物做了两种：即在硅灰石表面包覆氢氧化镁（简称镁包硅，下同）和在硅灰石表面包覆氧化锌（简称锌包硅，下同）。相应的正交试验见表 4-4 和表 4-5。包覆过程中的搅拌主要是控制悬浮液的均匀性，在硅灰石表面包覆硅酸铝的实验中，只要中速搅拌（300～400r/min），保证基体颗粒不沉淀及盐溶液和碱溶液在悬浮液中能迅速扩散，搅拌速度的变化对包覆过程影响就会很小，因此在正交试验中未考虑搅拌速度这个因素，在各个过程中始终保持 300～400r/min。正交试验在容量为 2L 的三口烧瓶中进行。

包覆量是指加入的镁盐、锌盐均以氢氧化镁、氧化锌的形式分别包覆在硅灰石表面时，表面氢氧化镁或氧化锌与基体硅灰石的质量之比。

表 4-4 镁包硅正交试验设计

序号	因　　素	水　　平		
		1	2	3
1	硅灰石悬浮液浓度/%	10	15	20
2	硅灰石粒度 $D_{50}/\mu m$	7.62	6.49	4.95
4	硫酸镁溶液浓度/mol·L	0.25	0.50	1
5	包覆量（质量）/%	1	3	5
6	反应时间/min	5	15	30
7	硫酸镁溶液滴加速度/mL·min⁻¹	2	6	10
8	氢氧化钠溶液滴加速度/mL·min⁻¹	2	6	10
10	氢氧化钠溶液浓度/mol·L⁻¹	0.25	0.5	1
11	pH 值	7.5	9.5	11.5
12	温度/℃	25	60	80

表 4-5　锌包硅正交试验设计

序号	因　素	水　平		
		1	2	3
1	硅灰石悬浮液浓度/%	10	15	20
2	硫酸锌溶液浓度/mol·L^{-1}	0.25	0.5	1
4	包覆量（质量分数）/%	1	3	5
5	氢氧化钠溶液浓度/mol·L^{-1}	0.25	0.5	1
6	温度/℃	25	60	80
7	硫酸锌溶液滴加速度/mL·min^{-1}	2	6	10
8	氢氧化钠溶液滴加速度/mL·min^{-1}	2	6	10
10	反应时间/min	5	15	30
11	pH 值	7.5	9.5	11.5
12	硅灰石粒度 D_{50}/μm	7.62	6.49	4.95

4.1.2.2　试验结果及分析

　　熔融指数是反映树脂流动性的一项指标，一般来说，树脂的熔融指数越高，则其流动性越好。产品的应用性能不仅由其使用效果来决定，而且还跟加工过程有关。因此对于镁包硅和锌包硅的应用性能，采用试验样品填充的 EVA 材料的阻燃性能和力学性能以及流动性作为评价指标，其中以拉伸强度和氧指数为主要指标，断裂伸长率和熔融指数为次要指标。试验样品填充 EVA 材料的配方为：复合粉体 180 份，EVA 100 份，抗氧剂 1 份，润滑剂 2 份。正交试验安排及测试结果见表 4-6 和表 4-7，表中设计了 27 个不同条件下制备的复合材料样品，分别对这 27 个样品进行力学性能、阻燃性能和流动性测试，结果列于表的右边。多指标正交实验的分析方法主要有两种：综合平衡法和综合评分法。笔者主要采用综合平衡法对正交实验结果进行分析。

表 4-6　L$_{27}$（3^{13}）正交试验表

实验号	因　素												
	1	2	3	4	5	6	7	8	9	10	11	12	13
	A	B	(F×G)1	C	D	E	F	G		H	I	J	(F×G)2
1	1	1	1	1	1	1	1	1	1	1	1	1	1
2	1	1	1	1	2	2	2	2	2	2	2	2	2
3	1	1	1	1	3	3	3	3	3	3	3	3	3
4	1	2	2	2	1	1	1	2	2	2	3	2	2
5	1	2	2	2	2	2	2	3	3	3	1	3	1

实验号	因素												
	1	2	3	4	5	6	7	8	9	10	11	12	13
	A	B	(F×G)1	C	D	E	F	G		H	I	J	(F×G)2
6	1	2	2	2	3	3	3	1	2	1	2	1	2
7	1	3	3	3	1	1	1	3	2	3	2	3	2
8	1	3	3	2	2	2	2	1	3	1	3	1	3
9	1	3	3	3	3	3	3	2	1	2	1	2	1
10	2	1	2	3	1	2	3	1	1	2	3	3	2
11	2	1	2	3	2	3	1	2	2	3	1	1	3
12	2	1	2	3	3	1	2	3	3	1	2	2	1
13	2	2	3	1	1	2	3	2	3	3	2	1	1
14	2	2	3	1	2	3	1	3	1	1	3	2	2
15	2	2	3	1	3	1	2	1	2	2	1	3	3
16	2	3	1	2	1	2	3	3	2	1	1	2	1
17	2	3	1	2	2	3	1	1	3	2	2	3	1
18	2	3	1	2	3	1	2	2	1	3	3	1	2
19	3	1	3	2	1	3	2	1	1	3	2	2	3
20	3	1	3	2	2	1	3	2	2	1	3	3	1
21	3	1	3	2	3	2	1	3	3	2	1	1	2
22	3	2	1	3	1	3	2	1	1	3	1	3	3
23	3	2	1	3	2	1	3	3	1	2	2	1	3
24	3	2	1	3	3	2	1	2	3	3	3	2	1
25	3	3	2	1	1	3	2	3	2	2	3	1	1
26	3	3	2	1	2	1	3	1	3	3	1	2	2
27	3	3	2	1	3	2	1	2	1	1	2	3	3

表 4-7 镁包硅和锌包硅性能试验结果

序号	实验指标							
	氧指数 $M_i/\%$		拉伸强度 N_i/MPa		断裂伸长率 $E_i/\%$		熔融指数 $F_i/\mathrm{g \cdot min^{-1}}$	
	镁包硅	锌包硅	镁包硅	锌包硅	镁包硅	锌包硅	镁包硅	锌包硅
1	24.0	23.8	6.69	8.19	425	522	2.33	2.51
2	24.0	24.2	7.74	7.95	452	350	1.58	0.75
3	23.8	24.4	8.00	7.67	440	402	1.54	1.71

序号	实　验　指　标							
	氧指数 $M_i/\%$		拉伸强度 N_i/MPa		断裂伸长率 $E_i/\%$		熔融指数 $F_i/g \cdot min^{-1}$	
	镁包硅	锌包硅	镁包硅	锌包硅	镁包硅	锌包硅	镁包硅	锌包硅
4	23.6	24.5	8.05	8.17	453	457	1.96	1.96
5	23.4	24.2	7.72	7.03	431	440	1.31	2.29
6	23.6	24	9.04	8.3	436	504	1.26	2.5
7	23.7	23.8	7.17	7.8	413	457	1.41	1.76
8	23.6	23.9	7.18	8.86	410	522	1.41	1.78
9	24.0	24.4	7.98	8.79	447	468	0.84	2.11
10	24.1	24.1	7.94	7.31	458	408	1.87	2.08
11	23.7	24.4	8.62	8.95	513	487	1.83	1.8
12	23.6	24.2	7.89	8.43	433	473	0.87	1.94
13	23.8	23.9	8.13	7.67	458	465	1.13	2.44
14	23.8	24.4	8.40	8.43	431	463	1.10	2.69
15	24.2	23.8	8.17	9.18	440	471	0.66	1.94
16	23.8	24.4	8.33	8.52	447	469	1.1	2.2
17	24.4	24	7.72	9.7	417	541	1.07	2.14
18	24.3	24.4	8.21	9.9	430	470	1.02	1.53
19	24.6	24.2	9.27	8.3	535	419	1.74	2.33
20	24.6	24.4	8.21	8.7	506	441	1.06	2.37
21	24.3	24.6	9.27	8.7	476	424	0.84	2.13
22	24.7	24.6	9.61	8.5	550	488	2.27	2.52
23	23.4	24.4	9.34	7.9	497	430	0.96	2.36
24	24.6	24.5	7.55	8.09	472	469	1.1	2.38
25	24.4	24	7.49	8.09	463	446	1.15	2.16
26	24.2	23.8	8.33	7.93	475	462	1.02	2.25
27	24.0	23.8	9.10	6.8	488	430	2.16	2.62

A　镁包硅正交试验分析

正交试验镁包硅极差分析见表4-8。

表4-8　镁包硅极差分析结果

性能	试验结果	因素												
		1	2	3	4	5	6	7	8	9	10	11	12	13
		A	B	(F×G)1	C	D	E	F	G		H	I	J	(F×G)2
M_i	K_{1j}	213.7	216.7	217	216.2	216.7	215.6	216.1	217.3	215.6	215.7	216.3	215.1	216.8
	K_{2j}	215.7	215.1	214.6	216.6	215.1	215.6	216.8	216.7	216.6	216.4	215.1	216.2	216.7
	K_{3j}	218.8	216.4	216.6	215.4	216.4	217	215.3	214.2	216	216.1	216.8	216.9	214.7
	E_j	5.1	1.6	2.4	1.2	1.6	1.4	1.5	3.1	1.0	0.7	1.7	1.8	2.1
N_i	K_{1j}	69.57	73.63	73.19	72.05	72.68	72.06	72.57	71.89	74.65	74.45	74.72	73.97	69.38
	K_{2j}	73.41	76.01	74.18	75.82	73.26	72.96	73.28	75.65	72.32	73.7	75.4	73.54	75.71
	K_{3j}	78.17	71.51	73.78	73.28	75.21	76.13	75.3	73.61	74.18	73	71.03	73.64	76.06
	E_j	8.6	4.5	0.99	3.77	2.53	4.07	2.73	3.76	2.33	1.45	4.37	0.43	6.68
E_i	K_{1j}	3907	4238	4130	4072	4202	4072	4088	4068	4142	4126	4204	4108	4052
	K_{2j}	4027	4168	4150	4131	4132	4092	4144	4297	4142	4103	4129	4145	4121
	K_{3j}	4462	3990	4116	4193	4062	4232	4164	4031	4112	4167	4063	4143	4223
	E_j	555	248	34	121	140	160	76	266	30	64	141	37	171
F_i	K_{1j}	13.64	13.66	12.97	12.67	14.96	11.29	13.8	12.46	13.33	13.56	12.2	11.93	10.86
	K_{2j}	10.65	11.75	13.43	11.36	11.34	12.5	12.01	13.85	11.15	10.93	12.18	11.31	12.37
	K_{3j}	12.3	11.18	10.19	12.56	10.29	12.8	10.78	10.28	12.11	12.1	12.21	13.35	13.36
	E_j	2.99	2.48	3.24	1.31	4.67	1.51	3.02	3.57	2.18	2.63	0.03	2.04	2.5
氧指数 M_i	因素（主→次）	A、G、F×G、J、I、(B、D)、F、E、C、H												
	最优方案	$A_3B_1C_2D_1E_3F_2G_1H_2I_3J_3$												
拉伸强度 N_i	因素（主→次）	A、F×G、B、I、E、C、G、F、D、H、J												
	最优方案	$A_3B_2C_2D_3E_3F_3G_2H_1I_2J_1$												
断裂伸长率 E_i	因素（主→次）	A、G、B、F×G、E、I、D、C、F、H、J												
	最优方案	$A_3B_1C_3D_1E_3F_3G_2H_3I_1J_2$												
熔融指数 F_i	因素（主→次）	D、G、F×G、F、A、H、B、J、E、C												
	最优方案	$A_1B_1C_1D_1E_3F_1G_2H_1I_3J_3$												
综合结果	主要影响因素	A、G、F、B、I、D、E、C、J、H												
	最优方案①	$A_3B_2C_2D_1E_3F_2G_2H_1I_1J_3$												

① 以氧指数、拉伸强度为主，断裂伸长率和熔融指数为辅；并参考其因素主次顺序选择最优方案。

a　极差分析

K_{1j}、K_{2j}、K_{3j} 分别是第 j 列（因素）第1、2、3水平的试验结果数据之和。E_j 为第 j 列（因素）试验结果的极差值，即第 j 列（因素）的 K_{1j}、K_{2j}、K_{3j} 中最大值与最小值之差，极差值越大，该因素对性能的影响就越大。

在表4-8中，第9列为空白列，未安排因素，属于误差列，按理其极差值应为零，但由于试验中不可避免地存在误差，因此第9列的极差值可以认为是由试验误差引起的，在表4-8中凡是列中极差值与第9列极差值相近的或比其还要小的，都可认为是试验误差引起的，该列中所安排的因素对试验影响很小，可以忽略。因此，仅就对氧指数指标的影响而言，氢氧化钠溶液浓度（H）、硫酸镁溶液浓度（C）基本可以忽略；对拉伸强度指标的影响而言，氢氧化钠溶液浓度（H）、温度（J）、包覆量（D）可以忽略。根据正交表4-6的设计，第3列和第13列是第7列和第8列的交互作用列，在表4-8中，第3列的极差值小于第9列的极差值，可以认为是由于误差引起的，第13列极差值排名靠前，说明第7列和第8列有较强的交互作用，因此在试验中应同时考虑硫酸镁溶液滴加速度和氢氧化钠溶液滴加速度；对断裂伸长率指标的影响而言，温度（J）可以不考虑；对熔融指数指标的影响而言，pH值（I）、温度（J）、反应时间（E）、硫酸镁溶液浓度（C）可以不考虑。

根据表4-8中极差大小，确定各因素的主次顺序，氧指数：A、G、F×G、J、I、（B、D）、F、E、C、H；拉伸强度：A、F×G、B、I、E、C、G、F、D、H、J；断裂伸长率：A、G、B、F×G、E、I、D、C、F、H、J；熔融指数：D、G、F×G、F、A、H、B、J、E、C。

由表4-7可以看出，镁包硅正交试验熔融指数和断裂伸长率结果较表4-3氢氧化镁填充EVA材料的熔融指数和断裂伸长率显著提高，均可满足应用要求，因此主要考虑氧指数和拉伸强度两个指标，断裂伸长率和熔融指数作为参考指标。

综合考虑，10个因素对4个指标的主次顺序为：A、G、F、B、I、D、E、C、J、H。

对于氧指数、拉伸强度、断裂伸长率、熔融指数评价指标，试验结果数值越大，则说明该试验条件越好。通过表4-8中相应 K_{1j}、K_{2j}、K_{3j} 之间的比较可以得出，在正交试验所设计的试验水平中，对于氧指数，最优水平组合为：$A_3B_1C_2D_1E_3F_2G_1H_2I_3J_3$；对于拉伸强度，最优水平组合为：$A_3B_2C_2D_3E_3F_3G_2H_1I_2J_1$；对于断裂伸长率，最优水平组合为：$A_3B_1C_3D_1E_3F_3G_2H_1I_1J_2$；对于熔融指数，最优水平组合为：$A_1B_1C_1D_1E_3F_1G_2H_1I_3J_3$。

从表4-7可以看出，正交试验22号实验是27次试验中最好的，其对应方案为 $A_3B_2C_2D_1E_3F_2G_2H_1I_1J_3$；综合4个指标主次顺序和各指标最优水平组合，通过直观分析得出镁包硅最佳制备工艺条件为：$A_3B_2C_2D_1E_3F_2G_2H_1I_1J_3$，此方案并不包括在正交表中27个实验方案中，因此要对其进行验证。

b　方差分析

极差分析只是正交试验设计的直观分析法，为了更准确地找出各因素对包覆过程的影响程度，对试验数据进行了方差分析，分析过程如下：

（1）氧指数。

1）各因素的偏差平方和计算：

$$S_A = \frac{1}{9}(K_{1j}^2 + K_{2j}^2 + K_{3j}^2) - \frac{1}{27}(\sum_{i=1}^{27} M_i)^2$$

$$= \frac{1}{9} \times (213.7^2 + 215.7^2 + 218.8^2) - \frac{1}{27} \times (213.7 + 215.7 + 218.8)^2$$

$$= 1.47$$

同理，可以计算出其他各因素的偏差平方和，计算结果如下：

$$S_B = 0.16; S_C = 0.08; S_D = 0.16; S_E = 0.13; S_F = 0.15$$

$$S_G = 0.6; S_H = 0.035; S_I = 0.17; S_J = 0.18; S_{F \times G} = 0.54$$

2）误差偏差平方和计算。在表 4-8 中第 9 列是空白列，属于误差列，第 4 列和第 10 列是由试验误差引起的，也可归作误差列。因此正交试验误差偏差平方和：$S_E = S_4 + S_9 + S_{10} = 0.175$。

3）自由度的计算。

各因素自由度：$f_{因} = n_a - 1$（n_a 为水平数）

$$f_A = f_B = f_C = f_D = f_E = f_F = f_G = f_H = f_I = f_J = 2$$

两因素交互作用的自由度：$f_{F \times G} = f_F \times f_G = 2 \times 2 = 4$

试验误差自由度：$f_E = f_4 + f_9 + f_{10} = 2 + 2 + 2 = 6$

4）各因素显著性检验。按式 $V = S/f$ 计算各因素变动平方和，然后计算 F 值，再从 F 分布表中查出相应的临界值 $F(f_{因}, f_E)$，并进行比较，判断各因素显著性的大小。通常，若 $F > F_{0.01}(f_{因}, f_E)$，就称该因素的影响是高度显著的，用两个"$*$"表示；若 $F < F_{0.01}(f_{因}, f_E)$，但 $F > F_{0.05}(f_{因}, f_E)$，则称该因素的影响是显著的，用一个"$*$"表示；若 $F < F_{0.05}(f_{因}, f_E)$，就称该因素的影响是不显著的，无记号。将上述分析计算结果概括地列成方差分析表（见表 4-9）。

表 4-9　镁包硅氧指数的方差分析表

方差来源	偏差平方和 S	自由度 f	变动平方和 $V = S/f$	F 值 V/V_E	显著性	F-分布临界值
A	1.47	2	0.735	25.34	$*$ $*$	
B	0.16	2	0.08	2.76		
C	0.08	2	0.04	1.38		$F_{0.01}(2,6) = 13.7$
D	0.16	2	0.08	2.76		$F_{0.05}(2,6) = 5.14$
E	0.13	2	0.065	2.24		
F	0.15	2	0.075	2.59		
G	0.6	2	0.3	10.34	$*$	
H	0.035	2	0.0175	0.6		$F_{0.01}(4,6) = 9.15$
I	0.17	2	0.085	2.93		$F_{0.05}(4,6) = 4.53$
J	0.18	2	0.09	3.1		
F×G	0.54	4	0.135	4.66	$*$	
误差 E	0.175	6	0.029			
总和	3.85	30				

由方差分析表中的 F 值大小可以看出，各因素对氧指数影响大小的顺序为 A、G、F×G、J、I、（B、D）、F、E、C、H，与极差分析一致。在此正交试验中对氧指数有高度显著影响的因素是硅灰石悬浮液浓度，对氧指数有显著影响的因素是氢氧化钠溶液滴加速度、氢氧化钠溶液和硫酸镁溶液滴加速度二者之间的交互作用。

（2）拉伸强度。

1）各因素的偏差平方和计算：

$$S_A = \frac{1}{9}(K_{1j}^2 + K_{2j}^2 + K_{3j}^2) - \frac{1}{27}(\sum_{i=1}^{27} M_i)^2$$

$$= \frac{1}{9} \times (69.57^2 + 73.41^2 + 78.17^2) - \frac{1}{27} \times (69.57 + 73.41 + 78.17)^2$$

$$= 4.12$$

同理，可以计算出其他各因素的偏差平方和，计算结果如下：

$$S_B = 1.22; S_C = 0.82; S_D = 0.39; S_E = 1.02; S_F = 0.44$$

$$S_G = 0.78; S_H = 0.116; S_I = 1.12; S_J = 0.01; S_{F×G} = 3.196$$

2）误差偏差平方和计算。

对于拉伸强度评价指标，第 3 列、氢氧化钠溶液浓度和温度可以和第 9 列一起归做误差列。因此正交试验误差偏差平方和：$S_E = S_3 + S_9 + S_{10} + S_{12} = 0.522$。

各因素自由度及显著性检验等具体分析计算结果概括地列成方差分析表（见表 4-10）。由方差分析表中的 F 值大小可以看出，各因素对拉伸强度影响大小的

表 4-10　镁包硅拉伸强度的方差分析表

方差来源	偏差平方和 S	自由度 f	变动平方和 V=S/f	F 值 V/V_E	显著性	F-分布临界值
A	4.12	2	2.06	31.69	＊＊	
B	1.22	2	0.61	9.38	＊＊	
C	0.82	2	0.41	6.31	＊	
D	0.39	2	0.195	3		$F_{0.01}(2,8) = 8.65$
E	1.02	2	0.51	7.85	＊	$F_{0.05}(2,8) = 4.46$
F	0.44	2	0.22	3.38		
G	0.78	2	0.39	6	＊	
H	0.116	2	0.058	0.89		$F_{0.01}(4,8) = 7.01$
I	1.12	2	0.56	8.62	＊	$F_{0.05}(4,8) = 3.84$
J	0.01	2	0.005	0.08		
F×G	3.196	4	0.799	12.29	＊＊	
误差 E	0.522	8	0.065			
总和	13.754	32				

顺序为 A、F×G、B、I、E、C、G、F、D、H、J，与极差分析一致。在此正交试验中对拉伸强度有高度显著影响的因素是硅灰石悬浮液浓度、硅灰石粒度、氢氧化钠溶液和硫酸镁溶液滴加速度二者之间的交互作用；对拉伸强度有显著影响的因素是硫酸镁溶液浓度、反应时间、氢氧化钠溶液滴加速度和 pH 值。

（3）断裂伸长率。

1）各因素的偏差平方和计算：

$$S_A = \frac{1}{9}(K_{1j}^2 + K_{2j}^2 + K_{3j}^2) - \frac{1}{27}(\sum_{i=1}^{27} M_i)^2$$

$$= \frac{1}{9} \times (3907^2 + 4027^2 + 4462^2) - \frac{1}{27} \times (3907 + 4027 + 4462)^2$$

$$= 18950$$

同理，可以计算出其他各因素的偏差平方和，计算结果如下：

$$S_B = 3632; S_C = 814; S_D = 1088; S_E = 1688; S_F = 344$$

$$S_G = 4613; S_H = 234; S_I = 1106; S_J = 96; S_{F×G} = 1708$$

2）误差偏差平方和计算。

对于断裂伸长率评价指标，温度和第 3 列可以和第 9 列一起归做误差列。因此正交试验误差偏差平方和：$S_E = S_3 + S_9 + S_{12} = 226$。

各因素自由度及显著性检验等具体分析计算结果概括地列成方差分析表（见表 4-11）。由方差分析表中的 F 值大小可以看出，各因素对断裂伸长率影响大小

表 4-11　镁包硅断裂伸长率的方差分析表

方差来源	偏差平方和 S	自由度 f	变动平方和 $V=S/f$	F 值 V/V_E	显著性	F-分布临界值
A	18950	2	9475	249	＊＊	
B	3632	2	1816	48	＊＊	
C	814	2	407	10.71	＊	
D	1088	2	544	14.32	＊＊	$F_{0.01}(2,6) = 13.7$
E	1688	2	844	22.21	＊＊	$F_{0.05}(2,6) = 5.14$
F	344	2	172	4.53		
G	4613	2	2306	60.68	＊＊	
H	234	2	117	3.08		$F_{0.01}(4,6) = 9.15$
I	1106	2	553	14.55	＊＊	$F_{0.05}(4,6) = 4.53$
J	96	2	48	1.26		
F×G	1708	4	854	22.47	＊＊	
误差 E	226	6	38			
总和	34499	30				

的顺序为 A、G、B、F×G、E、I、D、C、F、H、J，与极差分析一致。在此正交试验中对断裂伸长率有高度显著影响的因素是硅灰石悬浮液浓度、硅灰石粒度、包覆量、反应时间、氢氧化钠溶液滴加速度、pH 值、氢氧化钠溶液和硫酸镁溶液滴加速度二者之间的交互作用；对断裂伸长率有显著影响的因素是硫酸镁溶液浓度。

（4）熔融指数。

1）各因素的偏差平方和计算：

$$S_A = \frac{1}{9}(K_{1j}^2 + K_{2j}^2 + K_{3j}^2) - \frac{1}{27}(\sum_{i=1}^{27} M_i)^2$$

$$= \frac{1}{9} \times (13.64^2 + 10.65^2 + 12.3^2) - \frac{1}{27} \times (13.64 + 10.65 + 12.3)^2$$

$$= 0.5$$

同理，可以计算出其他各因素的偏差平方和，计算结果如下：

$$S_B = 0.38; S_C = 0.12; S_D = 1.33; S_E = 0.14; S_F = 0.51$$

$$S_G = 0.72; S_H = 0.38; S_I = 0; S_J = 0.24; S_{F×G} = 1.03$$

2）误差偏差平方和计算。

对熔融指数指标的影响而言，pH 值、温度、反应时间、硫酸镁溶液浓度可以归作误差项。因此正交试验误差偏差平方和：$S_E = 0.76$。

各因素自由度及显著性检验等具体分析计算结果概括地列成方差分析表（见表 4-12）。由方差分析表中的 F 值大小可以看出，各因素对熔融指数影响大小的

表 4-12 镁包硅熔融指数的方差分析表

方差来源	偏差平方和 S	自由度 f	变动平方和 V=S/f	F 值 V/V_E	显著性	F-分布临界值
A	0.5	2	0.25	3.29		
B	0.38	2	0.19	2.5		
C	0.12	2	0.06	0.79		
D	1.33	2	0.665	8.75	* *	$F_{0.01}(2,10) = 7.56$
E	0.14	2	0.07	0.92		$F_{0.05}(2,10) = 4.1$
F	0.51	2	0.255	3.36		
G	0.72	2	0.36	4.74	*	
H	0.39	2	0.195	2.57		$F_{0.01}(4,10) = 5.99$
I	0	2	0	0		$F_{0.05}(4,10) = 3.48$
J	0.24	2	0.12	1.58		
F×G	1.03	4	0.251	3.30		
误差 E	0.76	10	0.076			
总和	34500	30				

顺序为 D、G、F×G、F、A、H、B、J、E、C、I，与极差分析一致。在此正交试验中对熔融指数有高度显著影响的因素是包覆量；对熔融指数有显著影响的因素是氢氧化钠溶液滴加速度。

综合极差分析和方差分析结果，可以得出：对镁包硅试验结果有显著影响的因素是 A（硅灰石悬浮液浓度）、B（硅灰石粒度）、C（硫酸镁溶液浓度）、D（包覆量）、E（反应时间）、G（氢氧化钠溶液滴加速度）、I（pH 值）、F×G（硫酸镁溶液和氢氧化钠溶液二者滴加速度的交互作用）。虽然硫酸镁溶液滴加速度对实验结果没有影响，但是硫酸镁溶液和氢氧化钠溶液二者滴加速度的交互作用对实验结果影响很大，因此实验中仍应考虑硫酸镁溶液滴加速度这一因素。

c　实验条件分析及优化

从实验结果表 4-13 可以得出 22 号实验的氧指数、拉伸强度、断裂伸长率均是所有结果中最好的，熔融指数仅次于 1 号实验，其 22 号实验对应的条件为：$A_3B_2C_3D_1E_3F_2G_2H_1I_1J_3$（记作 22 号），与通过分析得出的最优条件 $A_3B_2C_2D_1E_3F_2G_2H_1I_1J_3$ 略有不同。条件 $A_3B_2C_2D_1E_3F_2G_2H_1I_1J_3$ 不在表中，因此在条件 $A_3B_2C_2D_1E_3F_2G_2H_1I_1J_3$（记作 1 号）下制备出样品与 22 号实验样品进行对比应用试验。由于因素 J（反应温度）对样品性能影响不显著，温度低可以降低能耗，减少包覆成本，因此，在常温条件下制备样品（记作 2 号），其他因素水平固定，与 22 号结果进行对比。由制备条件 $A_3B_2C_3D_1E_3F_2G_2H_1I_1J_3$ 可以看出，因素 A（硅灰石悬浮液浓度）、E（反应时间）和 J（反应温度）取最高水平时最好，因素 D（包覆量）、H（氢氧化钠溶液浓度）、I（pH 值）都是取最低水平时最好，H（氢氧化钠溶液浓度）对样品性能影响不显著，可以不加考虑。硅灰石在酸性条件下其结构将发生变化，因此 pH 值仍取 7.5。为确定提高硅灰石悬浮液浓度、反应时间和降低包覆量是否对实验结果产生影响，设计以下几组实验：

（1）22 号实验其他因素不变，提高硅灰石悬浮液浓度，在浓度为 30%、40% 下进行实验，分别记作 3 号、4 号；

（2）22 号实验其他因素不变，延长反应时间，在时间为 45min、60min 下进行实验，分别记作 5 号、6 号；

（3）22 号实验其他因素不变，减小包覆量，在包覆量为 0.8%、0.5% 下进行实验，分别记作 7 号、8 号。

将 22 号、1 号、2 号、3 号、4 号、5 号、6 号、7 号、8 号实验结果列于表 4-13。

表 4-13　实验条件优化试验结果

反应条件	氧指数/%	拉伸强度/MPa	断裂伸长率/%	熔融指数/g·min⁻¹
22 号	24.7	9.61	550	2.27
1 号	23.3	7.68	326	2.35

续表 4-13

反应条件	氧指数/%	拉伸强度/MPa	断裂伸长率/%	熔融指数/g·min^{-1}
2 号	23.5	8.48	409	2.5
3 号	23	8.29	323	2.13
4 号	22.8	8.09	206	2.15
5 号	22.6	7.48	351	2.6
6 号	22.5	7.67	442	2.98
7 号	22.4	7.35	409	4.14
8 号	22	7.97	210	2.9

由表 4-13 可以看出，根据极差分析和方差分析得出的 1 号实验结果，常温下得出的 2 号实验结果，延长反应时间和减小包覆量的 5 号、6 号、7 号、8 号实验结果，虽然熔融指数比 22 号实验高，但是其他三项指标却远没有 22 号实验好；增大硅灰石溶液浓度的 3 号、4 号实验结果也远远低于 22 号实验结果。

因此，通过极差和方差分析，得出硅灰石无机氢氧化镁包覆改性最佳工艺条件为：硅灰石悬浮液浓度为 20%，硅灰石粒度 $D_{50}=6.49\mu m$，硫酸镁溶液浓度为 1mol/L，包覆量为 1%，反应时间为 30min，硫酸镁溶液滴加速度为 6mL/min，氢氧化钠溶液滴加速度为 6mL/min，氢氧化钠溶液浓度为 0.25mol/L，pH 值为 7.5，温度为 80℃。

硅灰石表面包覆氢氧化镁改性前后粉体填充 EVA 性能见表 4-14。从表 4-14 可以看出，氢氧化镁包覆改性后，除熔融指数外，其他指标都较包覆改性前得到显著提高，对比表 4-3 可见，虽然熔融指数较改性前有所降低，但仍比单独的氢氧化镁填充 EVA 材料的熔融指数显著提高。

表 4-14　硅灰石和镁包硅复合粉体填充 EVA 材料的性能

指标	氧指数/%	拉伸强度/MPa	断裂伸长率/%	熔融指数/g·min^{-1}
硅灰石填充 EVA	23	8.58	269	3
镁包硅填充 EVA	24.7	9.61	550	2.27

B　锌包硅正交试验分析

a　极差分析

正交试验锌包硅极差分析见表 4-15。在表 4-15 中，第 9 列同样是空白列，是误差列。第 3 列和第 13 列同样是第 7 列和第 8 列的交互作用列。就氧指数评价指标而言，极差值与第 9 列的极差值 E_9 相近及比 E_9 小的列有：5、7、10，所对应的因素分别是：氢氧化钠溶液浓度、硫酸锌溶液滴加速度、反应时间。这些因素对氧指数评价指标影响较小，可以忽略；就拉伸强度评价指标而言，极差值与第 9 列的极差值 E_9 相近及比 E_9 小的有：2、5、10、11，所对应的因素分别是：

表 4-15　锌包硅极差分析

性能	实验结果	因素												
		1	2	3	4	5	6	7	8	9	10	11	12	13
		A	B	(F×G)1	C	D	E	F	G		H	I	J	(F×G)2
M_i	K_{1j}	217.2	218.3	218.7	216.1	217.3	217.1	217.8	216.1	217.7	217.5	218	217.4	217.4
	K_{2j}	217.6	218.3	217	218.7	217.7	217.6	217.5	218.6	217.5	218	216.5	218.6	217.9
	K_{3j}	218.3	216.5	217.4	218.3	218.1	218.4	217.8	218.4	217.9	217.6	218.6	217.1	217.8
	E_j	1.1	1.8	1.7	2.6	0.8	1.3	0.3	2.5	0.4	0.5	2.1	1.5	0.5
N_i	K_{1j}	72.76	74.2	76.42	71.91	72.55	76.2	74.83	75.86	72.65	74.73	75.79	76.56	74.69
	K_{2j}	78.09	73.27	71.01	77.32	75.45	70.93	76.24	75.43	75.58	75.79	72.85	74.61	74.82
	K_{3j}	73.01	76.39	76.43	74.63	75.86	76.73	72.79	72.57	75.63	73.34	75.22	72.69	74.35
	E_j	5.33	3.12	5.42	5.41	3.31	5.8	3.45	3.29	2.98	2.45	2.94	3.87	0.47
E_i	K_{1j}	4122	3926	4141	4011	4131	4183	4250	4318	4050	4312	4231	4270	4265
	K_{2j}	4247	4187	4107	4165	4136	3977	4079	4056	4094	3995	4069	4030	4026
	K_{3j}	4009	4265	4130	4202	4111	4218	4049	4004	4234	4071	4078	4078	4087
	E_j	238	339	34	191	25	241	201	314	184	317	162	240	239
F_i	K_{1j}	17.37	17.62	18.1	19.07	19.96	18.62	19.99	19.91	20.52	21.13	19.75	19.21	20.34
	K_{2j}	18.76	21.08	19.6	19.45	18.43	18.67	17.24	18.1	17.86	17.63	18.84	18.61	18.21
	K_{3j}	21.12	18.55	19.55	18.73	18.86	19.96	20.02	19.24	18.87	18.49	18.66	19.43	18.7
	E_j	3.75	3.46	1.5	0.72	1.53	1.34	2.78	1.81	2.66	3.5	1.09	0.82	2.13

氧指数 M_i	因素（主→次）	C、G、I、B、J、E、F×G、A、D、H、F
	最优方案	$A_3B_1C_2D_3E_3F_1G_2H_2I_3J_2$；$A_3B_2C_2D_3E_3F_1G_2H_2I_3J_2$；$A_3B_2C_2D_3E_3F_3G_2H_2I_3J_2$；$A_3B_1C_2D_3E_3F_3G_2H_2I_3J_2$
拉伸强度 N_i	因素（主→次）	E、C、A、J、F、D、G、B、F×G、I、H
	最优方案	$A_2B_3C_2D_3E_3F_2G_1H_2I_1J_1$
断裂伸长率 E_i	因素（主→次）	B、G、H、E、J、A、F、C、I、F×G、D
	最优方案	$A_2B_3C_3D_2E_3F_1G_1H_1I_1J_1$
熔融指数 F_i	因素（主→次）	A、H、B、F、F×G、G、D、E、I、J、C
	最优方案	$A_3B_2C_2D_1E_3F_3G_1H_1I_1J_3$
综合结果	最优方案①	$A_2B_2C_2D_3E_3F_2G_2H_1I_3J_1$；$A_2B_3C_2D_3E_3F_2G_2H_1I_3J_1$

① 以氧指数、拉伸强度为主，断裂伸长率和熔融指数为辅；并参考其因素主次顺序选择最优方案。

硫酸锌溶液浓度、氢氧化钠溶液浓度、反应时间、pH 值，这些因素对拉伸强度评价指标影响较小，可以忽略；就断裂伸长率评价指标而言，极差值与第 9 列的极差值 E_9 相近及比 E_9 小的有：4、5、7、11，所对应的因素分别是：包覆量、氢氧化钠溶液浓度、硫酸锌溶液滴加速度、pH 值；就熔融指数评价指标而言，极差值与第9列的极差值 E_9 相近及比 E_9 小的有：3、4、5、6、7、8、11、12、13，所对应的因素分别是：硫酸锌溶液和氢氧化钠溶液两者滴加速度的交互作用、包覆量、氢氧化钠溶液浓度、温度、硫酸锌溶液滴加速度、氢氧化钠溶液滴加速度、pH 值、硅灰石粒度。

　　b　方差分析

（1）氧指数。

1）各因素的偏差平方和计算：

$$S_A = \frac{1}{9}(K_{1j}^2 + K_{2j}^2 + K_{3j}^2) - \frac{1}{27}(\sum_{i=1}^{27} M_i)^2$$

$$= \frac{1}{9} \times (217.2^2 + 217.6^2 + 218.3^2) - \frac{1}{27} \times (217.2 + 217.6 + 218.3)^2$$

$$= 0.068$$

同理，可以计算出其他各因素的偏差平方和，计算结果如下：

$$S_B = 0.24; S_C = 0.44; S_D = 0.04; S_E = 0.10; S_F = 0.006$$

$$S_G = 0.42; S_H = 0.016; S_I = 0.26; S_J = 0.14; S_{F \times G} = 0.196$$

2）误差偏差平方和计算：

对于氧指数评价指标，7、9、10 和 13 列可以归作误差项。因此，正交试验误差偏差平方和：$S_E = S_7 + S_9 + S_{10} + S_{13} = 0.046$。

各因素自由度及显著性检验等具体分析计算结果概括地列成方差分析表（见表 4-16）。由方差分析表中的 F 值大小可以看出，各因素对氧指数影响大小的顺

表 4-16　锌包硅氧指数的方差分析表

方差来源	偏差平方和 S	自由度 f	变动平方和 $V=S/f$	F 值 V/V_E	显著性	F-分布临界值
A	0.068	2	0.034	5.91	*	
B	0.24	2	0.12	20.87	* *	
C	0.44	2	0.22	38.26	* *	
D	0.04	2	0.02	3.48		$F_{0.01}(2,8)=8.65$
E	0.10	2	0.05	8.70	* *	$F_{0.05}(2,8)=4.46$
F	0.006	2	0.003	0.52		
G	0.42	2	0.21	36.52	* *	
H	0.016	2	0.008	1.39		$F_{0.01}(4,8)=7.01$
I	0.26	2	0.13	22.61	* *	$F_{0.05}(4,8)=3.84$
J	0.14	2	0.07	12.17	* *	
F×G	0.196	4	0.049	8.52	* *	
误差 E	0.046	8	0.00575			
总和	1.192	32				

序为 C、G、I、B、J、E、F×G、A、D、H、F，与极差分析一致。在此正交试验中对氧指数有显著影响的因素是硫酸锌溶液浓度、包覆量、温度、氢氧化钠溶液滴加速度、硅灰石粒度、pH 值、氢氧化钠溶液和硫酸锌溶液滴加速度二者之间的交互作用；对氧指数有较显著影响的因素是硅灰石悬浮液浓度。

（2）拉伸强度。

1）各因素的偏差平方和计算：

$$S_A = \frac{1}{9}(K_{1j}^2 + K_{2j}^2 + K_{3j}^2) - \frac{1}{27}(\sum_{i=1}^{27} M_i)^2$$

$$= \frac{1}{9} \times (72.76^2 + 78.09^2 + 73.01^2) - \frac{1}{27} \times (72.76 + 78.09 + 73.01)^2$$

$$= 2.01$$

同理，可以计算出其他各因素的偏差平方和，计算结果如下：

$$S_B = 0.57; S_C = 1.62; S_D = 0.72; S_E = 2.28; S_F = 0.66$$

$$S_G = 0.71; S_H = 0.34; S_I = 0.54; S_J = 0.84; S_{F \times G} = 2.182$$

2）误差偏差平方和计算：

对于拉伸强度评价指标，2、9、10、11 和 13 列可以归作误差项。因此正交试验误差偏差平方和：$S_E = S_2 + S_9 + S_{10} + S_{11} + S_{13} = 2.102$。

各因素自由度及显著性检验等具体分析计算结果概括地列成方差分析表（见表 4-17）。由方差分析表中的 F 值大小可以看出，各因素对拉伸强度影响大小的

表 4-17　锌包硅拉伸强度的方差分析表

方差来源	偏差平方和 S	自由度 f	变动平方和 V=S/f	F 值 V/V_E	显著性	F-分布临界值
A	2.01	2	1.005	4.78	*	
B	0.57	2	0.285	1.36		
C	1.62	2	0.81	3.85		
D	0.72	2	0.36	1.71		$F_{0.01}(2,10) = 7.56$
E	2.28	2	1.14	5.42	*	$F_{0.05}(2,10) = 4.1$
F	0.66	2	0.33	1.57		
G	0.71	2	0.355	1.69		
H	0.34	2	0.17	0.81		$F_{0.01}(4,10) = 5.99$
I	0.54	2	0.27	1.28		$F_{0.05}(4,10) = 3.48$
J	0.84	2	0.42	2.00		
F×G	2.182	4	0.5455	2.60		
误差 E	2.102	10	0.2102			
总和	14.574	34				

顺序为：E、A、C、F×G、J、D、G、F、B、I、H，与极差分析略有不同。在此正交试验中对拉伸强度没有高度显著影响的因素；对拉伸强度有显著影响的因素是硅灰石溶液浓度和温度。

（3）断裂伸长率。

1）各因素的偏差平方和计算：

$$S_A = \frac{1}{9}(K_{1j}^2 + K_{2j}^2 + K_{3j}^2) - \frac{1}{27}(\sum_{i=1}^{27} M_i)^2$$

$$= \frac{1}{9} \times (4122^2 + 4247^2 + 4009^2) - \frac{1}{27} \times (4122 + 4247 + 4009)^2$$

$$= 3150$$

同理，可以计算出其他各因素的偏差平方和，计算结果如下：

$$S_B = 7004; S_C = 2280; S_D = 38; S_E = 3768; S_F = 2612$$

$$S_G = 6294; S_H = 6086; S_I = 1842; S_J = 3584; S_{F×G} = 3426$$

2）误差偏差平方和计算：

对于断裂伸长率评价指标，3、5、9 和 11 列可以归作误差项。因此正交试验误差偏差平方和：$S_E = S_3 + S_5 + S_9 + S_{11} = 3998$。

各因素自由度及显著性检验等具体分析计算结果概括地列成方差分析表（见表4-18）。由方差分析表中的 F 值大小可以看出，各因素对断裂伸长率影响大小

表4-18　锌包硅断裂伸长率的方差分析表

方差来源	偏差平方和 S	自由度 f	变动平方和 V=S/f	F 值 V/V_E	显著性	F-分布临界值
A	3150	2	1575	3.15		
B	7004	2	3502	7.01	*	
C	2280	2	1140	2.28		
D	38	2	19	0.04		$F_{0.01}(2,8) = 8.65$
E	3768	2	1884	3.77		$F_{0.05}(2,8) = 4.46$
F	2612	2	1306	2.61		
G	6294	2	3147	6.29	*	
H	6086	2	3043	6.09	*	
I	1842	2	921	1.84		$F_{0.01}(4,8) = 7.01$
J	3584	2	1792	3.59		$F_{0.05}(4,8) = 3.84$
F×G	3426	4	856.5	1.71		
误差 E	3998	8	499.75			
总和	44082	32				

的顺序为：B、G、H、E、J、A、F、C、I、F×G、D，与极差分析一致。在此正交试验中对断裂伸长率没有高度显著影响的因素；对断裂伸长率有显著影响的因

素是硫酸锌溶液浓度、氢氧化钠溶液滴加速度和反应时间。

（4）熔融指数。

1）各因素的偏差平方和计算：

$$S_A = \frac{1}{9}(K_{1j}^2 + K_{2j}^2 + K_{3j}^2) - \frac{1}{27}(\sum_{i=1}^{27} M_i)^2$$

$$= \frac{1}{9} \times (17.37^2 + 18.76^2 + 21.12^2) - \frac{1}{27} \times (17.37 + 18.76 + 21.12)^2$$

$$= 0.8$$

同理，可以计算出其他各因素的偏差平方和，计算结果如下：

$$S_B = 0.72; S_C = 0.03; S_D = 0.14; S_E = 0.12; S_F = 0.56$$
$$S_G = 0.18; S_H = 0.74; S_I = 0.08; S_J = 0.04; S_{F \times G} = 0.44$$

2）误差偏差平方和计算：

对于熔融指数评价指标，3、4、5、6、8、9、11、12 和 13 列可以归作误差项。因此正交试验误差偏差平方和：$S_E = S_3 + S_4 + S_5 + S_6 + S_8 + S_9 + S_{11} + S_{12} + S_{13} = 1.43$。

各因素自由度及显著性检验等具体分析计算结果概括地列成方差分析表（见表 4-19）。由方差分析表中的 F 值大小可以看出，各因素对熔融指数影响大小的顺序为：A、H、B、F、F×G、G、D、E、I、J、C，与极差分析一致。在此正交试验中对熔融指数没有高度显著影响的因素；对熔融指数有显著影响的因素是硅灰石悬浮液浓度、硫酸锌溶液浓度和反应时间。

表 4-19　锌包硅熔融指数的方差分析表

方差来源	偏差平方和 S	自由度 f	变动平方和 V=S/f	F 值 V/V_E	显著性	F-分布临界值
A	0.8	2	0.4	5.03	*	
B	0.72	2	0.36	4.53	*	
C	0.03	2	0.015	0.19		
D	0.14	2	0.07	0.88		$F_{0.01}(2,18) = 6.01$
E	0.12	2	0.06	0.76		$F_{0.05}(2,18) = 3.55$
F	0.56	2	0.28	3.52		
G	0.18	2	0.09	1.13		
H	0.74	2	0.37	4.66	*	$F_{0.01}(4,18) = 7.01$
I	0.08	2	0.04	0.50		$F_{0.05}(4,18) = 4.58$
J	0.04	2	0.02	0.25		
F×G	0.44	4	0.11	1.38		
误差 E	1.43	18	0.079			
总和	5.28	32				

c　实验条件分析及优化

从表4-7可以得出17号和18号实验结果是所有结果中最好的，其对应的条件为：17号（$A_2B_3C_2D_2E_3F_1G_1H_2I_2J_3$），18号（$A_2B_3C_2D_3E_1F_2G_2H_3I_3J_1$），与通过分析得出的最优条件 $A_2B_2C_2D_3E_3F_2G_2H_1I_3J_1$ 和 $A_2B_3C_2D_3E_3F_2G_2H_1I_3J_1$ 略有不同。条件 $A_2B_2C_2D_3E_3F_2G_2H_1I_3J_1$，$A_2B_3C_2D_3E_3F_2G_2H_1I_3J_1$ 不在表中，因此在条件 $A_2B_2C_2D_3E_3F_2G_2H_1I_3J_1$（记作1号）、$A_2B_3C_2D_3E_3F_2G_2H_1I_3J_1$（记作2号）下制备出样品与17号、18号样品进行了应用试验对比。由制备条件 $A_2B_3C_2D_3E_1F_2G_2H_3I_3J_1$ 可以看出，因素B（硫酸锌溶液浓度）、D（氢氧化钠溶液浓度）、H（反应时间）和I（pH值）取最高水平时最好，因素J（硅灰石粒度）取最低水平时最好，D（氢氧化钠溶液浓度）和I（pH值）对样品性能影响不显著，可以不加考虑。为确定提高硫酸锌溶液浓度、延长反应时间和减小硅灰石粒度是否对实验结果产生影响，设计以下几组实验：

（1）18号实验其他因素不变，提高硫酸锌溶液浓度，在浓度为1.5mol/L、2mol/L下进行实验，分别记作3号、4号；

（2）18号实验其他因素不变，延长反应时间，在时间为45min、60min下进行实验，分别记作5号、6号；

（3）18号实验其他因素不变，减小硅灰石粒度，在硅灰石B、硅灰石C下进行实验，分别记作7号、8号。

将17号、18号、1号、2号、3号、4号、5号、6号、7号、8号实验结果列于表4-20。

表4-20　实验条件优化试验结果

反应条件	氧指数/%	拉伸强度/MPa	断裂伸长率/%	熔融指数/g·min⁻¹
17号	24	9.7	541	2.14
18号	24.4	9.9	470	1.53
1号	22.6	8.68	418	2.35
2号	23.9	8.47	410	2.49
3号	23.6	7.89	431	1.7
4号	23.4	7.19	390	1.93
5号	23.3	7.67	462	2
6号	23	8.71	472	2.57
7号	22	8.71	457	1.7
8号	21.8	8.59	463	2.2

由表4-7和表4-20可以看出，锌包硅试验熔融指数和断裂伸长率结果较表4-3氢氧化镁填充EVA熔融指数和断裂伸长率显著提高，均可满足应用要求，因此主要考虑氧指数和拉伸强度两个指标，断裂伸长率和熔融指数作为参考指标。

由表 4-20 可以看出，18 号实验氧指数和拉伸强度是最好的。

因此，通过极差和方差分析，得出锌包硅复合粉体最佳制备工艺条件为：硅灰石悬浮液浓度为 15%，硅灰石粒度 $D_{50} = 7.62\mu m$，硫酸锌溶液浓度为 1mol/L，包覆量为 3%，反应时间为 30min，硫酸锌溶液滴加速度为 6mL/min，氢氧化钠溶液滴加速度为 6mL/min，氢氧化钠溶液浓度为 1mol/L，pH 值为 11.5，温度为 25℃。

硅灰石和锌包硅复合粉体填充 EVA 材料的性能见表 4-21。从表 4-21 可以看出，氧化锌包覆改性后，除熔融指数外，其他指标都较包覆改性前得到显著提高，对比表 4-3 可见，虽然熔融指数较包覆改性前有所降低，但仍比单独的氢氧化镁填充 EVA 的熔融指数显著提高。

表 4-21 硅灰石和锌包硅复合粉体填充 EVA 材料的性能

指标	氧指数/%	拉伸强度/MPa	断裂伸长率/%	熔融指数/g·min^{-1}
硅灰石	22.8	7.96	306	3.22
锌包硅粉体	24.4	9.9	470	1.53

4.1.3 优化条件下样品表征

4.1.3.1 微观形貌

图 4-3 为硅灰石、镁包硅复合粉体和锌包硅复合粉体的 SEM 照片。图 4-3（a）是硅灰石湿法磨 2min 的 SEM 图；图 4-3（c）是硅灰石原料的 SEM 照片；图 4-3（b）是镁包硅复合粉体的 SEM 照片；图 4-3（d）是锌包硅复合粉体的 SEM 照片。由图 4-3 可以看出，硅灰石呈纤维状，具有较高的长径比和平滑的结晶解理面，经湿法磨 2min 后，平滑的解理面变粗糙了一些；与图 4-3（a）和（c）相比，图 4-3（b）和（d）表面均匀地包覆了许多小颗粒，结晶解理面变的粗糙。反应生成的氢氧化镁和氧化锌依据非均匀成核原理在硅灰石表面沉积、形核、生长，实现表面包覆。由相变热力学可知，成核晶体和晶核的原子排列越相似，非均匀形核自由能与均匀形核自由能相比就越小，非均匀形核自由能越小，越有利于非均匀形核。氢氧化镁、氧化锌与硅灰石都有羟基[9,10]，从热力学的角度可以证明氢氧化镁和氧化锌易在硅灰石颗粒表面成核、生长，达到表面包覆的目的。

4.1.3.2 表面元素

为了证明硅灰石表面包覆的颗粒是氢氧化镁和氧化锌，采用扫描电镜能量分析谱对包覆前后硅灰石的微观表面进行了测定，测定结果见图 4-4 和表 4-22。从图 4-4（a）和（c）可以看出，包覆前的硅灰石中，元素以 Si、O、Ca 元素为

(a)　　　　　　　　　　　　　　(b)

(c)　　　　　　　　　　　　　　(d)

图 4-3　硅灰石、镁包硅复合粉体和锌包硅复合粉体 SEM 图
（a）硅灰石 B；（b）镁包硅复合粉体；（c）硅灰石 A；（d）锌包硅复合粉体

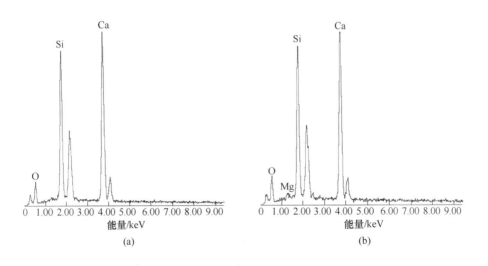

（a）　　　　　　　　　　　　　　（b）

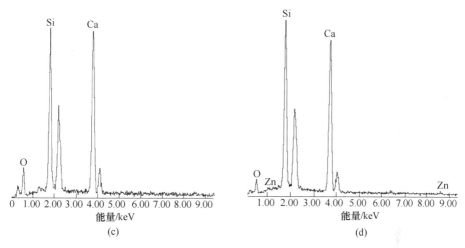

图 4-4 硅灰石、镁包硅复合粉体和锌包硅复合粉体 EDS 图

（a）硅灰石 B；（b）镁包硅复合粉体；（c）硅灰石 A；（d）锌包硅复合粉体

主，不含 Mg 元素和 Zn 元素，由图 4-4（b）和（d）可以看出，包覆后，除了硅灰石本身的元素外，又出现 Mg 峰和 Zn 峰；根据硫酸锌和氢氧化钠反应方程式可知，包覆在硅灰石表面的应为氢氧化锌，由于氢氧化锌在 125℃下会分解为氧化锌，实验在 130℃下烘干，因此，包覆在硅灰石表面的为氧化锌。

表 4-22 硅灰石、镁包硅复合粉体和锌包硅复合粉体 EDS 能谱分析

元素含量(质量分数)/%	Ca	O	Si	Mg	Zn
硅灰石 B	37.73	36.08	26.19	—	—
镁包硅复合粉体	37.81	34.86	25.98	1.35	—
硅灰石 A	40.95	32.19	26.87	—	—
锌包硅复合粉体	40.69	23.79	32.98		2.54

由表 4-22 可以看出，硅灰石中 Si、Ca、O 元素质量分数分别为 26.87%、40.95%和 32.19%；湿磨后 Si、Ca 元素质量分数减少，O 元素质量分数增大，这是因为湿磨后硅灰石表面吸附水和晶格水增多，填充 EVA 材料在点燃的过程中，这些水吸热变成水蒸气稀释了氧浓度，故要在较高的氧浓度环境中才能点燃，这就是表 4-3 硅灰石湿磨 2min 后填充 EVA 材料氧指数提高的原因之一。氢氧化镁包覆改性后硅灰石表面化学成分 Si、Ca、O、Mg 元素质量分数分别为 25.98%、37.81%、34.86%和 1.35%。可以看出氢氧化镁包覆改性后 MgO 含量增加；氧化锌包覆改性后硅灰石表面化学成分 Si、Ca、O、Zn 元素质量分数分别为 32.98%、40.69%、23.79%和 2.54%，可以看出包覆改性后 ZnO 含量增加。

4.1.3.3　XRD 分析

　　图 4-5 为硅灰石、镁包硅复合粉体和锌包硅复合粉体的 XRD 图。比较曲线 1、2、3、4 可以看出湿磨和无机包覆改性后硅灰石 XRD 图谱并未发生明显变化，说明湿磨未改变硅灰石的晶型，硅灰石表面包覆的是无定形氢氧化镁和无定形氧化锌。

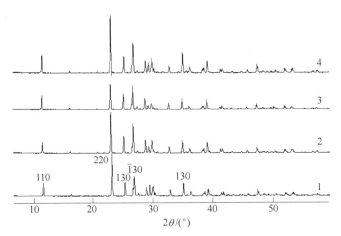

图 4-5　硅灰石、镁包硅复合粉体和锌包硅复合粉体 XRD 图
1—硅灰石 A；2—硅灰石 B；3—无机氢氧化镁改性硅灰石；4—无机氧化锌改性硅灰石

4.1.3.4　比表面积

　　表 4-23 为硅灰石、镁包硅和锌包硅复合粉体比表面积。从表 4-23 数据可以发现，无机包覆改性后颗粒的比表面积相对于硅灰石原料 A 和湿磨 2min 后的硅灰石 B 有明显的提高，这说明无机包覆改性后表面粗糙度增加，进一步验证了扫描电镜的测试结果。

表 4-23　硅灰石、镁包硅和锌包硅复合粉体比表面积

样　品	原料		复合粉体	
	硅灰石 B	硅灰石 A	镁包硅	锌包硅
比表面积/$m^2 \cdot g^{-1}$	4.6	1.41	5.3	2.1

4.1.3.5　FTIR 谱分析

　　图 4-6 为硅灰石、镁包硅和锌包硅复合粉体 FTIR 谱图。曲线 a 上波数 3459.73cm^{-1} 处为 O—H 的伸缩振动特征吸收峰，表明硅灰石表面含有大量羟基；由曲线 b 可以看出经湿磨 2min 后，1636.7cm^{-1} 处出现新峰，经分析为 C＝C 键

的特征吸收峰，这可能是因为在湿磨过程中，原矿中的石英和方解石反应生成 $CO_2^{[11]}$，MgO、CO_2 和方解石反应生成白云石 $CaMg(CO_3)_2$ 的缘故，3459.73cm^{-1} 处 O—H 的伸缩振动特征吸收峰移至 3442.3cm^{-1} 处，且振动峰增强，说明经湿磨后硅灰石表面羟基增多；由曲线 c 可知无机氢氧化镁包覆改性后 3442.3cm^{-1} 处 O—H 的伸缩振动特征吸收峰移至 3442.0cm^{-1} 处，振动峰基本上没有改变，说明氢氧化镁包覆改性硅灰石表面有大量羟基；由曲线 d 知，氧化锌包覆改性后 3459.73cm^{-1} 处 O—H 的伸缩振动特征吸收峰移至 3450.04cm^{-1} 处，且振动峰增强，说明氧化锌包覆改性硅灰石表面羟基增多，这有助于对其进行表面有机改性。

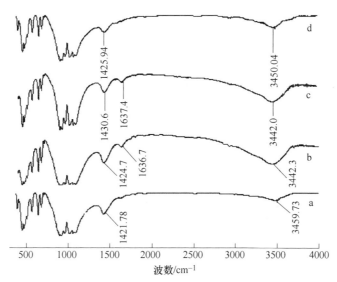

图 4-6 硅灰石和无机包覆改性硅灰石 FTIR 谱图
a—硅灰石 A；b—硅灰石 B；c—无机氢氧化镁改性硅灰石；d—无机氧化锌改性硅灰石

4.1.4 应用性能

用不同硅灰石填料填充 EVA 材料经开辊混炼、硫化工艺制成阻燃复合材料，填充配方为：填料：60g；EVA：37g；其他助剂：3g。表 4-24 为复合材料的力学性能、氧指数和熔融指数。

表 4-24 不同填料填充 EVA 复合材料性能

样品	EVA	1	2	3	4	5	6	7
氧指数/%	17	36.1	23	24.7	32.4	22.8	24.4	31.5
拉伸强度/MPa	25.1	5.8	8.58	9.61	7.15	7.96	9.9	7.03
断裂伸长率/%	650	146	269	550	320	306	470	347

样品	EVA	1	2	3	4	5	6	7
熔融指数/g·min⁻¹	3.26	0.36	3	2.27	0.56	3.22	1.53	0.53
打片手感度	难剥	难剥	难剥	难剥	难剥	难剥	难剥	难剥

注：1—未改性氢氧化镁/EVA 复合材料；2—硅灰石 B/EVA 复合材料；3—镁包硅复合粉体/EVA 复合材料；4—50%镁包硅复合粉体+50%氢氧化镁/EVA 复合材料；5—硅灰石 A/EVA 复合材料；6—锌包硅复合粉体/EVA 复合材料；7—50%锌包硅复合粉体+50%氢氧化镁/EVA 复合材料。

从表 4-24 中的数据对比可以看出以下几点：（1）纯 EVA 具有良好的力学性能和高的熔融指数，但其氧指数较低，属于易燃材料；（2）未改性氢氧化镁填充 EVA 后，除氧指数比 EVA 高外，其他指标都较纯 EVA 下降较多；（3）硅灰石湿磨 2min 填充 EVA 后，其氧指数较纯 EVA 有较大提高，但较氢氧化镁填充的复合材料而言，氧指数还远远达不到要求，但其熔融指数、拉伸强度和断裂伸长率较氢氧化镁填充的复合材料有了显著提高；（4）氢氧化镁包覆改性硅灰石填充 EVA 后，氧指数、拉伸强度和断裂伸长率均较未改性硅灰石有了显著提高，但其熔融指数有所降低；（5）氢氧化镁包覆改性硅灰石和氢氧化镁以 1：1 比例填充 EVA 后，其综合性能有了显著改善，但熔融指数显著降低；（6）氧化锌包覆改性硅灰石填充 EVA 后，氧指数、拉伸强度、断裂伸长率均较未改性硅灰石显著提高，但其熔融指数有所降低；（7）氧化锌包覆改性硅灰石和氢氧化镁以 1：1 比例填充 EVA 后，其综合性能有了显著改善，但熔融指数显著降低。

4.2　硅灰石表面复合改性及其在 EVA 电缆料中的应用研究

无机包覆改性硅灰石粉体和氢氧化镁以一定的比例混合后虽然性能基本上已经能满足应用要求，但是其在开辊混炼时不好剥离，且与 EVA 相容性不好，熔融指数较低，因此要对其进行有机改性。笔者发现单独使用硅烷对氢氧化镁进行改性可以提高其拉伸强度，但断裂伸长率和熔融指数提高不多，且打片手感度不好，单独使用硬脂酸对其改性，其断裂伸长率和熔融指数提高，打片手感度变好，但拉伸强度降低，因此采用硅烷和硬脂酸对氢氧化镁进行复合改性。由于无机包覆改性硅灰石和氢氧化镁表面都有大量的羟基，因此对无机包覆改性粉体也采用硅烷和硬脂酸进行复合改性。

4.2.1　实验原料

镁包硅复合粉体：正交试验 22 号样品。
锌包硅复合粉体：正交试验 18 号样品。
氢氧化镁粉体由高纯氢氧化镁经气流粉碎机超细粉碎制得。

4.2.2　实验方法

称取 500g 镁包硅复合粉体或锌包硅复合粉体，在高速混合机中低速加热搅拌，待温度升高到80℃时，加入 1.2% 水解后的乙烯基硅烷和 1.6% 硬脂酸（硬脂酸和无水乙醇质量比为 1∶2），在 100~105℃ 下高速搅拌 30min 后停止搅拌，冷却至室温，即得硅灰石表面复合改性粉体。

称取氢氧化镁粉体，在高速混合机中低速加热搅拌，待温度升高到80℃时，加入 1.2% 水解后的乙烯基硅烷和 1.6% 硬脂酸（硬脂酸和无水乙醇质量比为 1∶2），在100~105℃ 下高速搅拌 60min 后停止搅拌，冷却至室温，即得改性氢氧化镁粉体。

4.2.3 复合改性粉体在 EVA 中的应用

称取 30g 复合改性硅灰石粉体和 30g 改性氢氧化镁粉体混合均匀，将混合粉体填充 EVA 材料经开辊混炼、硫化工艺制成阻燃复合材料样品。填充配方为：填料 60g，EVA 37g，其他助剂 3g。表 4-25 为复合材料样品的力学性能、氧指数和熔融指数。

表 4-25　复合改性硅灰石和氢氧化镁混合粉体填充 EVA 材料的性能

指标	氧指数/%	拉伸强度/MPa	断裂伸长率/%	熔融指数/g·min⁻¹	打片手感度
1 号	31	7.39	441	1.23	好剥
2 号	31.2	7.25	491	1.72	好剥
3 号	33	6.24	386	0.71	好剥

注：1 号是氢氧化镁包覆硅灰石复合改性粉体与改性氢氧化镁以 1∶1 混合；2 号是氧化锌包覆硅灰石复合改性粉体与改性氢氧化镁以 1∶1 混合；3 号是改性氢氧化镁粉体。

与表 4-24 中未经有机改性 4 号和 7 号样相比，经硅烷和硬脂酸改性后 4 号和 7 号样品（对应表 4-25 中的 1 号和 2 号样品）打片手感度变好，且拉伸强度、熔融指数和断裂伸长率显著提高，氧指数稍微有所降低，但也基本可以满足热缩料对氧指数的需要。因此，这种复合改性粉体可以替代 50% 的改性氢氧化镁粉体在 EVA 中应用。

4.2.4 改性机理

为了研究有机改性剂在无机包覆改性粉体和氢氧化镁粉体表面的作用形式，探讨其作用机理，对有机改性前后的样品进行了红外光谱（FTIR）分析，如图 4-7 所示。

在图 4-7 中，曲线 1 为氧化锌包覆改性硅灰石粉体的红外光谱，3450.04cm⁻¹ 处为硅灰石中—OH 的伸缩振动峰，可以看出氧化锌包覆改性硅灰石粉体表面有大量羟基；曲线 2 为氧化锌包覆改性硅灰石粉体经乙烯基硅烷和硬脂酸改性后的红外光谱，可以看出经改性后 3450.04cm⁻¹ 处—OH 振动峰减弱，改性后的谱线中除了出现改性前谱线中的原有吸收峰外，分别在 2843.12cm⁻¹ 处和 2920.13cm⁻¹

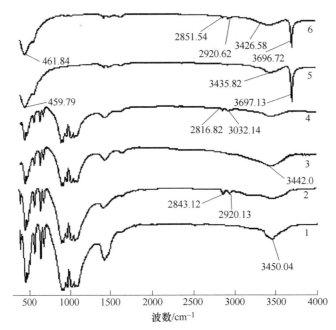

图 4-7　无机复合填料复合改性前后 FTIR 谱

1—无机氧化锌改性硅灰石；2—复合改性锌包硅粉体；3—无机氢氧化镁改性硅灰石；
4—复合改性镁包硅粉体；5—氢氧化镁粉体；6—复合改性氢氧化镁粉体

处出现新的吸收峰，2843.12cm^{-1} 处对应的是—CH$_2$ 的对称伸缩振动峰，而
2920.13cm^{-1} 处对应的是—CH$_3$ 的特征吸收峰。这说明乙烯基硅烷和硬脂酸吸附
在氧化锌包覆改性硅灰石粉体表面，并与表面的羟基发生了反应。同样，由曲线
3 可以看出，氢氧化镁包覆改性硅灰石表面含有大量羟基，由曲线 4 可以看出表
面有机改性后 3442.0cm^{-1} 处—OH 振动峰减弱，谱线中除了出现改性前谱线中的
原有吸收峰外，分别在 2816.82cm^{-1} 处和 3032.14cm^{-1} 处出现新的吸收峰，
2816.82cm^{-1} 处对应的是—CH$_2$ 的对称伸缩振动峰，而 3032.14cm^{-1} 处对应的是
—CH$_3$ 的特征吸收峰。这说明乙烯基硅烷和硬脂酸吸附在氢氧化镁包覆改性硅灰
石粉体表面，并与表面的羟基发生了反应。曲线 5 为未改性氢氧化镁的红外光
谱[12]，3697.13cm^{-1} 处极强的尖锐吸收峰为 Mg(OH)$_2$ 中游离—OH 的伸缩振动特
征谱带，3435.82cm^{-1} 处为缔合—OH 伸缩振动的特征吸收峰，459.79cm^{-1} 处为
Mg—O 的特征吸收峰。由曲线 6 可以看出，经乙烯基硅烷和硬脂酸改性后，
3697.13cm^{-1} 处 Mg(OH)$_2$ 中游离—OH 的伸缩振动峰移至 3696.72cm^{-1} 处，
3435.82cm^{-1} 处缔合—OH 伸缩振动的特征吸收峰移至 3426.58cm^{-1} 处，且振动峰
减弱，同时在 2851.54cm^{-1} 处和 2920.62cm^{-1} 处出现新的吸收峰，2851.54cm^{-1} 处
对应的是—CH$_2$ 的对称伸缩振动峰，而 2920.62cm^{-1} 处对应的是—CH$_3$ 的特征吸

收峰。这说明乙烯基硅烷和硬脂酸吸附在氢氧化镁粉体表面，并与其表面的羟基发生了反应。

粉碎后的硅灰石、氢氧化镁粉体、氢氧化镁包覆硅灰石和氧化锌包覆硅灰石粉体表面存在 Ca^{2+}、Mg^{2+}、Zn^{2+}、$Si—O—Si$、$Si—O^-$、$Si—O$ 及 $Ca—O$ 等基团（氢氧化镁包覆硅灰石和氧化锌包覆硅灰石表面包覆的氢氧化镁和氧化锌很少）。用乙烯基硅烷/硬脂酸（RCOOH）改性这些无机粉体时，$RCOO^-$ 与填料表面 Ca^{2+}、Zn^{2+}、Mg^{2+} 发生化学吸附反应，同时，硬脂酸分子与无机填料表面的羟基等基团发生氢键吸附作用，使填料表面自由能下降，疏水性增强。从而使这些无机填料更容易被高聚物熔体所润湿，改善了其和高聚物界面之间的融合程度，提高了其在 EVA 基料中的分散程度。乙烯基硅烷（乙烯基三乙氧基硅烷）的化学结构式是 CH_2＝$CHSi(OCH_2CH_3)_3$，首先硅烷分子通过乙氧基（—OCH_2CH_3）的水解形成硅醇，然后与这些无机填料颗粒表面的羟基反应，形成氢键并缩合成—$Si—O—M$（M 为无机粉体表面层中的金属元素，Ca、Mg、Zn）。同时硅烷各分子的硅醇又相互缩合齐聚形成网状结构的膜，覆盖在填料颗粒表面，使这些无机填料表面有机化。其改性作用过程示意图如图 4-8 所示。上述乙烯基硅烷/硬脂酸复合表面改性剂与填料表面之间的物理化学作用可由图 4-7 无机粉体复合改性前后红外光谱曲线来证实。

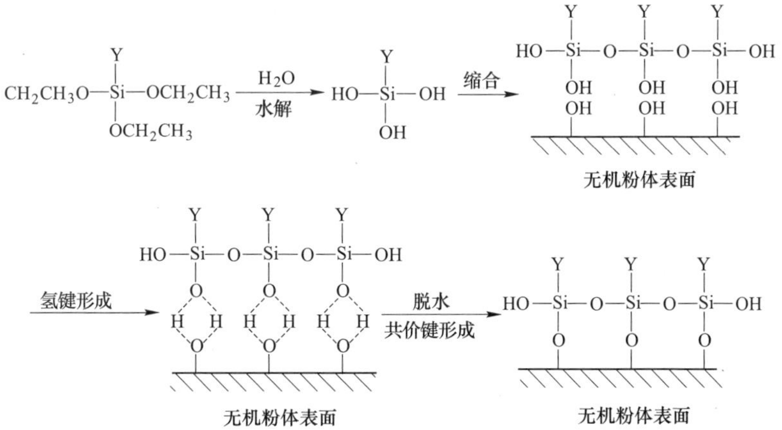

图 4-8 乙烯基硅烷与无机包覆改性粉体的作用机理

4.2.5 复合改性粉体填充 EVA 增强机理

4.2.5.1 粒度微细化增强

对于分散性能良好的无机矿物填料来说，填料的粒径越细，填充复合材料的强度越高，力学性能越好。其原因是：（1）填料的粒径越细，其比表面积越大，表面活性越好、表面吸附能力越强，因而与聚合物的黏结性越好；（2）填料粒径越小，只要能充分分散，则填充材料的应力集中越小。

表 4-26 为不同粒度硅灰石粉体填充 EVA 复合材料的拉伸强度。由表 4-26 可以看出，随着硅灰石粒度减小，拉伸强度呈现先上升后下降的趋势，这是因为硅灰石粒径越小，比表面积越大，与 EVA 的结合力也相应增加，从而整体上提高了复合材料对外加负荷的承受能力。但硅灰石粒径并非越小越好，小到一定程度时，粉体表面的范德华力使粒子重新结合，形成凝聚体，进而再形成团聚体，在 EVA 中难以分散，宏观效果等同于粒径增大，造成复合材料拉伸强度下降。

表 4-26　不同粒度硅灰石粉体填充 EVA 复合材料的拉伸强度

硅灰石粒度 $D_{50}/\mu m$	7.62	6.49	4.95
拉伸强度/MPa	7.96	8.58	8.44

4.2.5.2　表面活性化增强

由硅灰石无机包覆改性的优化工艺条件可知，氢氧化镁包覆改性硅灰石是硅灰石粒度 $D_{50} = 6.49\mu m$，包覆量为 1%；氧化锌包覆改性硅灰石是硅灰石粒度 $D_{50} = 7.62\mu m$，包覆量为 3%；这是因为研磨过程的机械激活作用使硅灰石表面反应活性显著提高，在无机包覆改性过程中可以提高硅灰石和氢氧化镁的作用活性，仅需要包覆 1% 的氢氧化镁就可以与 3% 氧化锌包覆改性硅灰石原料填充 EVA 力学性能相媲美。

4.2.5.3　表面粗糙化增强

由表 4-24 可以看出，无机包覆改性后硅灰石填充 EVA 拉伸强度较改性前显著提高。这是因为当硅灰石粒子填充 EVA 基复合材料发生破坏时，裂纹总是在硅灰石与基体的界面处产生，因为这里存在复合材料中相的过渡，是应力集中发生的明显区域，而硅灰石填料经过表面无机包覆改性后具有粗糙的表面，应力集中被分散，填充 EVA 基复合材料在外应力作用下，会萌生较多的纳米级裂纹；而且由于填料表面的粗糙性，这些裂纹方向将不一致，因此裂纹在扩展过程中要发生不同程度的变向，才能将大量小裂纹联结在一起，这些都需要消耗更多的能量才能得以实现，因此填充 EVA 基复合材料的强度得到了一定程度的提高。

4.2.5.4　复合活化增强

两种不同化学组成的无机矿物填料（硅灰石、氢氧化镁和氧化锌）之间的复合，使填料的化学成分和晶体结构复杂化，包覆氢氧化镁和氧化锌后，硅灰石与硅烷/硬脂酸和 EVA 分子的吸附能力或反应能力增强；同时，研磨复合过程的机械激活作用使无机包覆改性硅灰石填料的表面活性显著提高，正是这种多成分复合和研磨过程的机械激活作用增强了无机包覆改性硅灰石与硅烷/硬脂酸和 EVA 分子的作用,填充 EVA 材料的力学性能得以提高。

4.2.5.5 相容化增强

图 4-9 为表面有机改性前后各无机及无机复合填料填充 EVA 复合材料样品的拉伸断面扫描电镜图。由图 4-9 可以看出,未经表面有机改性的填料填充 EVA 复合材料拉伸断面存在很多缺陷,很多颗粒都裸露在断口上,颗粒与 EVA 之间形成了明显的裂隙和清晰的分界线,有的地方还出现空洞,使材料承受外力的有效面积减小,降低了材料的力学性能。此外由于充填颗粒与 EVA 的界面结合力差,充填颗粒在炼塑过程中很难在 EVA 中分散开,从而也形成颗粒团聚体,成为材料断裂的薄弱点;表面有机改性后颗粒和 EVA 有着很好的黏结性,颗粒周围都包裹着基料,仅有少量的裸露颗粒,颗粒与 EVA 之间没有明显的分界线。这说明,经硅烷和硬脂酸改性后无机填料已经很好地被 EVA 基料浸润,两者之间形成良好的结合。

4.2.5.6 粒度与形状配合增强

填料颗粒的粒度和形状对填充材料的力学性能有重要影响。无机矿物填料的

(a)   (b)

(c)   (d)

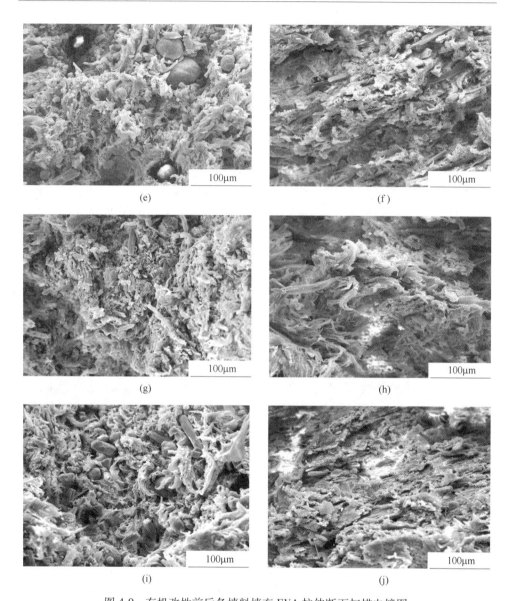

图 4-9 有机改性前后各填料填充 EVA 拉伸断面扫描电镜图
（a）氢氧化镁/EVA；（b）改性氢氧化镁/EVA；（c）镁包硅复合粉体/EVA；
（d）改性镁包硅复合粉体/EVA；（e）镁包硅与氢氧化镁混合填料/EVA；
（f）改性镁包硅与改性氢氧化镁混合填料/EVA；（g）锌包硅复合粉体/EVA；
（h）改性锌包硅复合粉体/EVA；（i）锌包硅与氢氧化镁混合填料/EVA；
（j）改性锌包硅与改性氢氧化镁混合填料/EVA

颗粒形状有很多种，如硅灰石的纤维状，高岭土的片状，硅藻土的多孔盘状和棒锤状，氢氧化镁的粒状等。一定形状的无机矿物填料在高聚物基材料中成型时，只能沿一定的方向取向，但是如果将两种不同颗粒形状的填料复合使用，则可沿不同方向取向[13]，图 4-10 为不同颗粒形状的填料在树脂中流动取向示意图。由图 4-10 可以看出，粒状填料（a）对填充材料无取向增强作用（0 维增强），纤维状填料（c）沿 X 轴方向取向增强（一维增强），片状填料（b）沿 Y 轴和 Z 轴构成的平面方向取向增强（二维增强）。因此，（1）若用粒状和纤维状填料混合填充，成型时因粒状填料无取向，故填料整体仍只沿 X 轴方向取向增强；（2）若用粒状和片状填料混合填充，成型时因粒状填料无取向，故填料整体仍只沿 Y 轴和 Z 轴构成的平面方向取向增强；（3）若用纤维状和片状填料混合填充，成型时沿 X 轴及 Y-Z 平面方向同时增强（三维增加，如图 4-10（d）所示），从而使填充材料的强度可能比原任何单一填料填充时都高。

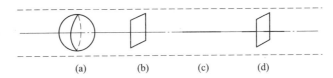

图 4-10 不同颗粒形状的填料在树脂中的流动取向示意图
（a）粒状填料；（b）片状填料；（c）纤维状填料；（d）纤维状和片状填料混合

氢氧化镁/硅灰石复合填料，从颗粒形状角度说，是粒状/纤维状配合的填料，表 4-27 为复合比例 0.5∶0.5 时氢氧化镁/硅灰石复合填料填充 EVA 材料的力学性能。由表 4-27 可以看出，未经表面改性的氢氧化镁/硅灰石复合填料填充 EVA 后材料的拉伸强度和断裂伸长率较单一氢氧化镁填充 EVA 材料性能显著提高。

表 4-27 氢氧化镁/硅灰石复合填料填充 EVA 材料的力学性能

样品	EVA	氢氧化镁	硅灰石	简单混合
拉伸强度/MPa	25.1	5.8	7.96	6.97
断裂伸长率/%	650	146	306	278

填料粒度和形状配合增强的另一个机理是不同粒度和形状填料填充时的堆砌效应。这种堆砌效应可以通过两种单一填料混合填充后材料力学性能的加权平均计算值与简单混合填料填充后填充材料力学性能的实测值来估算。以粒状/纤维状配合的氢氧化镁/硅灰石简单混合填料填充 EVA 为例，氢氧化镁和硅灰石混合填料填充 EVA 后材料力学性能的加权平均计算值 F 可用式（4-1）计算。

$$F = x_1 F_1 + x_2 F_2 \tag{4-1}$$

式中，F_1、F_2 为氢氧化镁和硅灰石粉体分别填充 EVA 材料的力学性能（拉伸强度和断裂伸长率）；x_1、x_2 分别为氢氧化镁和硅灰石粉体在混合填料中所占的质量分数，对于氢氧化镁/硅灰石简单混合填料来说，x_1、x_2 均为 0.5。表 4-28 所列是氢氧化镁/硅灰石简单混合填料填充 EVA 材料的力学性能的计算值与实测值的对比。

表 4-28　实际填充力学性能与按组分平均效应的计算值的比较

力学性能	实测值	计算值
拉伸强度/MPa	6.97	6.88
断裂伸长率/%	278	226

由表 4-28 可见，氢氧化镁/硅灰石简单混合填料填充的 EVA 材料的拉伸强度和断裂伸长率的实测值明显大于按组分平均效应的计算值。说明氢氧化镁/硅灰石简单混合填料填充时因填料粒度和形状的配合产生了堆砌增强效应，使材料力学性能表现出复合效应，其机理是硅灰石和氢氧化镁混合前后相对整体体积发生了变化。

因此通过将两种以上无机矿物填料进行复合和表面改性，使填料体系的体相结构复杂化和表面活性化或与高聚物基料相容化，不同颗粒形状、化学成分、晶体结构及物理化学性质的无机矿物填料有机结合，在填充时取长补短、相互配合，可以实现无机矿物填料填充性能的优化。

参 考 文 献

[1] Gui H, Zhang X H, Dong W F, et al. Flame retardant synergism of rubber and Mg(OH)$_2$ in EVA composites [J]. Polymer, 2007, 48 (9): 2537~2541.

[2] 王素玉, 苏一凡, 王艳芳, 等. 国内外 EVA 产品的发展及应用 [J]. 石化技术, 2005, 12 (2): 53~56.

[3] Cross M S, Cusacka P A, Hornsby P R. Effects of tin additives on the flammability and smoke emission characteristics of halogen-free ethylene-vinyl acetate copolymer [J]. Polymer Degradation and Stability, 2003, 79 (2): 309~318.

[4] Carpentier F, Bourbigota S, Brasa M L, et al. Charring of fire retarded ethylene vinyl acetate copolymer-magnesium hydroxide/zinc borate formulations [J]. Polymer Degradation and Stability, 2000, 69 (1): 83~92.

[5] Serge B, Michel B L, Robert L, et al. Recent advances in the use of zinc borates in flame retardancy of EVA [J]. Polymer Degradation and Stability, 1999, 64 (3): 419~425.

[6] Liauw C M, Rothon R N, Lees G C, et al. Flow micro-calorimetry and FTIR studies on the adsorption of saturated and unsaturated carboxylic acids onto metal hydroxide flame-returated fillers [J]. Journal of Adhesion Science and Technology, 2001, 15 (8): 889~912.

[7] Hornsby P R, Watson C L. Mechanism of smoke suppression and fire retardancy in polymer containing magnesium hydroxide filler [J]. Plastic and Rubber Processing and Application, 1989,

11 (1)：45~51.

［8］ 张清辉. 无机包覆型复合无卤阻燃剂的制备及在 EVA 中的应用［D］. 北京：北京科技大学，2005.

［9］ 汤皎宁，龚晓钟，李均钦. 均匀沉淀法制备纳米氧化锌的研究［J］. 无机材料学报，2006，21 (1)：65~69.

［10］ 倪忠斌，陈明清，刘俊康，等. 氢氧化镁表面改性及其在 LDPE 中的应用［J］. 江南大学学报，2003，2 (4)：399~401.

［11］ Zoltan Juhasz A, Ludmilla Opoczky. Mechanical activation of minerals by grinding［J］. Akademiai Kiado Budapest, 1990, 155.

［12］ Qiu L Z, Xie R C, Ding P, et al. Preparation and characterization of $Mg(OH)_2$ nanoparticles and flame-retardant property of its nanocomposites with EVA［J］. Compos. Struct. , 2003, 62 (3)：391.

［13］ 郑水林，卢寿慈. 重质碳酸钙/硅灰石复合填料的填充性能与填充增强原理研究［J］. 中国粉体技术，2002，8 (1)：1~5.

5 粉煤灰基金属骨架有机物制备及应用

水资源是人类生产生活的最关键资源。但是随着经济的快速发展，重金属废水大量排放，生态环境遭到严重破坏，造成的污染也日益严重[1]。水资源的保护和水污染的治理成为现代社会最关注的问题。

目前处理重金属废水的方法有离子交换[2]、化学沉淀法[3]、超滤法[4]、吸附法[5]等。其中吸附法由于操作简单，效率高而得到广泛应用。应用较多的有膨润土、活性炭、金属骨架有机物等。但由于活性炭和金属骨架有机物成本较高，且粒度较细，难以回收。因此，研究成本较低的易回收重金属高效吸附剂有着重要的意义。

粉煤灰是火力发电厂锅炉燃烧过程中产生的副产品，俗称飞灰，主要成分为 SiO_2、Fe_2O_3、CaO、Al_2O_3、TiO_2 和 MgO。随着能源需求量的提高，粉煤灰的排放量增大，如不提高其资源化利用率，会引发环境问题。据不完全统计，我国粉煤灰的年产量约为 18 亿吨，但利用率仅为 30% 左右，大量的粉煤灰堆积于储灰场，这样不仅占用了大量土地，也污染了周围环境。目前，粉煤灰广泛应用于生产建材、筑路工程、聚合物填料、光催化、农业、污水处理等领域中[6]。粉煤灰用作吸附剂处理污水中重金属粒子成本较低、易回收，利用粉煤灰处理工业废水实现以废治废，具有较好的经济效益和环境效益，但是其比表面积较小，吸附性较差[7]。因此，以粉煤灰为原料，利用其吸附性能，合成廉价高效吸附剂是粉煤灰吸附剂资源化利用的重要方向。将粉煤灰进行物理或化学处理增加表面反应活性和提高吸附性能，合成高效吸附剂是粉煤灰用作廉价吸附剂应用中应该解决的关键问题，也是粉煤灰廉价吸附剂资源化利用的主要方向[8]。

金属有机框架材料（metal-organic frameworks，MOFs）是指由金属氧簇或金属离子与刚性或半刚性有机配体构筑的晶体材料[9~12]。金属与有机配体之间一般是通过共价键或离子共价键相互连接。金属有机骨架材料一般来说具有刚性的规则孔道或者笼状结构。由于组成部分含有有机部分，可以将有机合成的定向性部分传递到金属有机骨架化合物的合成中，因此金属骨架有机材料更易设计合成、调控、裁剪和修饰。MOFs 因其兼备有机高分子和无机化合物的共同特点，从 Robson 等研究者开始受到广大科研人员的关注。它具有低密度、高比表面积、结构和功能可设计、孔道尺寸可调等特点[13,14]，这些特点使它在气体吸附分离[15,16]、离子交换[17]、化工催化[18,19]、气体储存[20]、重金属离子吸附方面[21]具有很大的应用潜力。

美国的 Yaghi 团队在 21 世纪初通过将六水硝酸锌和 2-甲基咪唑分别溶解于 N-N 二甲基甲酰胺（DMF）中，用溶剂热法合成 ZIF-8 沸石咪唑框架材料，化学式为 $Zn(mIM)_2 \cdot (DMF) \cdot (H_2O)$（ZIF-8），是 MOFs 的代表。该化合物具有沸石方钠石拓扑结构，即过渡金属 Zn 去代替分子筛中的 Al 或者是 Si 作为四节点，以 2-甲基咪唑及其衍生物为配体，去代替分子筛中的 O 从而合成一种新的金属有机框架化合物 ZIF-8。ZIF-8 同大多数的 MOFs 材料一样，具有比表面积大、多孔、可调等优点[22]。其中 $Zn_4(MeIM)_4$ 环和 $Zn_6(MeIM)_6$ 环组成了 ZIF-8 的方钠石结构，环笼的有效直径大约为 1.26×10^{-9} m，具有相对较大的比表面积，大约为 1630m²/g，每个六角形窗口的尺寸是 0.34nm，孔容为 0.63m³/g，ZIF-8 材料具有较为典型的大孔笼小孔径结构，这也有效地说明了 ZIF-8 材料具有极大的吸附容量。图 5-1 为 ZIF-8 纳米粒子结构[23]。

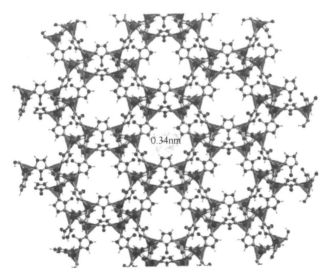

图 5-1　ZIF-8 纳米粒子结构

ZIF-8 是目前研究最为广泛的 MOFs 材料之一，对其应用研究已经涉及气体吸附、分离、储氢和催化等多个领域，ZIF-8 因其具有独特的孔道结构、高的热稳定性（可以保证 550℃ 条件下不分解）及优秀的化学稳定性等特点在作为催化剂载体方面表现出了非常大的应用潜力[24]。和其他 MOFs 材料相比 ZIF-8 具有一定的水热稳定性[25]，因此这就保证了 ZIF-8 材料可以用于渗透气化和水处理等领域。然而 ZIF-8 比表面积大，重金属吸附剂易发生团聚且粒度较小、回收时间较长。

　　根据"粒子设计"思想，构想在微米级粉煤灰粉体的表面包覆纳米金属骨架有机物 ZIF-8 粒子制备复合粉体，不但有望解决纳米金属骨架有机物 ZIF-8 吸附重金属离子表面能高、易发生团聚、且粒度较小，难以回收的问题，而且可以解决粉煤灰用作吸附剂比表面积较小、吸附性差的问题。

　　搅拌法[26]、水热合成法（或溶剂热法）[27] 和扩散法（液层扩散、溶胶扩散和气相扩散）[28] 是目前 ZIF-8 较成熟的三种合成方法。其中搅拌法是指将 2-甲基咪唑和硝酸锌分别溶解在甲醇中，混合后通过高速搅拌合成 ZIF-8 材料的方法，这种方法在室温下就可以进行，而且具有操作简单、反应时间短的优点；水热合成法是指将 2-甲基咪唑和硝酸锌溶解在有机溶剂中，然后倒入能承受高温高压的聚四氟乙烯内衬的不锈钢反应釜内加热到 100~200℃反应适当的时间，利用反应容器内的自生压力以及温度的不断升高，使反应釜内由于温差形成对流，将合成 ZIF-8 材料所需的离子或者是离子团从高温区传递到低温区，由于温度的降低会使溶剂对 ZIF-8 的溶解度降低，从而在低温区形成过饱和溶液，析出得到 ZIF-8 晶体。水热合成法由于在聚四氟乙烯内衬的水和反应釜中进行，反应条件相对苛刻，如高温高压，因此可以通过水热合成进行在温和条件下难以发生的固相化学反应。但是这种方法制备 ZIF-8 粒子是在密闭的不锈钢釜内进行，不能看到反应过程，而且合成过程对反应条件的要求比较苛刻，反应时间相比搅拌法也相对较长。当 2-甲基咪唑和硝酸锌分别溶解在两种不同的溶剂中而且这两种溶剂相容性差，或者 ZIF-8 晶体不易析出时，一般采取扩散法或者界面聚合法制备 ZIF-8 材料。液层扩散是通过将 2-甲基咪唑和硝酸锌分别溶解在两种互不相容的溶剂中，当溶解有两种反应物的溶液接触时就会在这两种溶液的界面处发生扩散反应从而制备得到 ZIF-8 材料。凝胶扩散是指将 2-甲基咪唑添加到凝胶中，然后将硝酸锌溶液放置于凝胶上，通过扩散发生反应，得到 ZIF-8 材料。气相扩散是指将 2-甲基咪唑和硝酸锌溶液放入敞口容器内，然后将该装有反应物的容器放置在已经去质子化的惰性有机溶剂环境内，密封该反应体系。溶液挥发扩散到惰性的有机溶剂环境内，使惰性的有机溶剂处于过饱和进而析出 ZIF-8 晶体。

　　基于搅拌法操作简单、反应时间短，水热合成法和扩散法需要在高温高压、密封等环境中进行，本章以粉煤灰为基体，以 2-甲基咪唑和六水合硝酸锌为反应剂，在室温下合成了一种核壳结构粉煤灰基金属骨架有机物复合粉体，采用各种仪器对复合粉体表面微结构和物化性能进行了表征，探讨了复合粉体制备机理，并研究了其在吸附重金属离子中的应用。

5.1　粉煤灰基金属骨架有机物复合粉体制备及表征

5.1.1　实验材料

　　以上海格瑞雅纳米材料有限公司 2500 目（5.5μm）粉煤灰为原料，其化学成分见表 5-1。粉煤灰化学成分中 SiO_2 和 Al_2O_3 占 84% 以上。六水合硝酸锌（≥99.0%）、1, 2-二甲基咪唑（≥98.0%）和甲醇（≥99.9%）由上海阿拉丁生化科技股份有限公司提供，均为分析纯。

表 5-1 粉煤灰化学成分

化学成分	SiO_2	Al_2O_3	TFe_2O_3	TiO_2	CaO	其他	烧失量 LOI
质量分数/%	54.7	29.78	4.06	1.25	3.30	3.65	3.26

5.1.2 粉煤灰基金属骨架有机物制备方法

称量 1g 的六水合硝酸锌，放入平底烧杯 1 中；称量 3g 的 1, 2-二甲基咪唑，放入平底烧杯 2 中；用量筒分别量取 50mL 甲醇，倒入两个平底烧杯中，将平底烧杯放在磁力搅拌器上，在 500r/min、25℃下搅拌 30min。将 1g 粉煤灰倒入烧杯 1 中，放在磁力搅拌器上，在 500r/min、25℃下搅拌 1h；然后将烧杯 2 中的试样倒入烧杯 1 中，在 500r/min、25℃下搅拌 18h 后离心过滤（7800r/min，10min），用 100mL 甲醇溶液洗涤样品再过滤，最后在 60℃ 恒温干燥 24h 得到粉煤灰基金属骨架有机物复合粉体。

5.1.3 粉煤灰及粉煤灰基金属骨架有机物的表征

采用 JSM-7001F 扫描电子显微镜（SEM）对粉煤灰和粉煤灰基金属骨架有机物进行形貌分析；采用 MiniFlex600 X 射线衍射仪对粉煤灰和粉煤灰基金属骨架有机物进行物相分析；采用 ST-2000 氮气吸附脱附仪通过 BET 算法计算粉煤灰和粉煤灰基金属骨架有机物的比表面积，由吸附液氮的体积确定总孔隙体积；采用 TENSOR27 红外光谱仪分析粉煤灰和粉煤灰基金属骨架有机物表面官能团；采用 BT-1500 型粒度分布仪检测粉煤灰和粉煤灰基金属骨架有机物样品的粒度分布。

5.1.3.1 粉煤灰和粉煤灰基金属骨架有机物表面形貌

图 5-2 为粉煤灰和粉煤灰基金属骨架有机物的 SEM 显微图。图 5-2(a) 是粉煤灰颗粒形貌图，可以看出粉煤灰呈球形。图 5-2(b) 是粉煤灰基金属骨架有机物的扫描电镜图，从图 5-2(b) 中可以看出粉煤灰基金属骨架有机物的表面有清晰可见的纳米颗粒，粉煤灰颗粒的表面被 ZIF-8 颗粒完全覆盖，有少量团聚体，没有裸露的表面。图 5-2(c) 是粉煤灰基金属骨架有机物的 EDS 谱图，图中出现了 C、O、Zn、Al、Si、N 元素，证明粉煤灰表面包覆了 ZIF-8 颗粒。

5.1.3.2 粒度分布

粒度分布可以确定粉煤灰基金属骨架有机物表面 ZIF-8 纳米颗粒是否包覆在

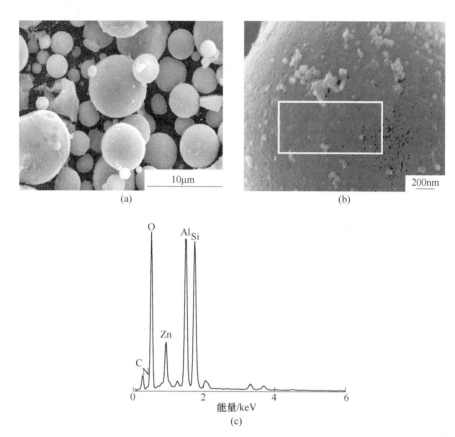

图 5-2　粉煤灰的 SEM 图及粉煤灰基金属骨架有机物的 SEM 图和 EDS 图
（a）粉煤灰的 SEM 图；（b）粉煤灰基金属骨架有机物的 SEM 图；（c）粉煤灰基金属骨架有机物的 EDS 图

粉煤灰表面。粉煤灰粒度分布为 $D_3 = 8.2\mu m$，$D_{10} = 11.7\mu m$，$D_{25} = 16.8\mu m$，$D_{50} = 24.3\mu m$，$D_{75} = 37.2\mu m$，$D_{97} = 60.5\mu m$；粉煤灰基金属骨架有机物粒度分布为 $D_3 = 8.6\mu m$，$D_{10} = 11.9\mu m$，$D_{25} = 17.1\mu m$，$D_{50} = 25.1\mu m$，$D_{75} = 40.0\mu m$，$D_{97} = 63.1\mu m$。可以看出粉煤灰基金属骨架有机物复合粉体粒度 D_x 大于粉煤灰的粒度 D_x，说明 ZIF-8 纳米颗粒沉积在了粉煤灰颗粒的表面。

5.1.3.3　XRD 分析

粉煤灰和粉煤灰基金属骨架有机物的 XRD 衍射图谱如图 5-3 所示。从图 5-3（a）中可以看出粉煤灰原料中含有大量非晶态和晶态物质，晶态物质主要是莫来石（$Al_6Si_2O_{13}$）和石英（SiO_2）。石英和莫来石晶相的特征峰都很明显，说明两者的结晶度很好[29]。图 5-3（a）还观察到了赤铁矿和硅灰石衍射峰。从图 5-3（b）可以看出，粉煤灰颗粒表面包覆 ZIF-8 纳米颗粒后，复合材料中同时出现

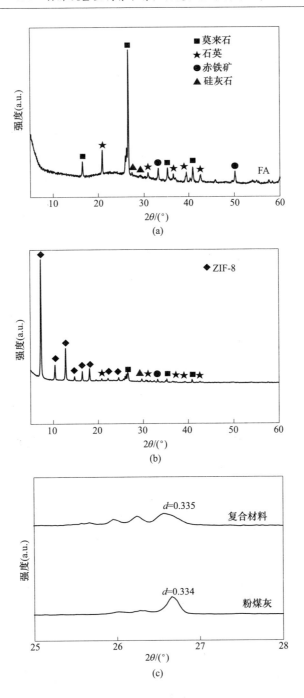

图 5-3 粉煤灰及粉煤灰基金属骨架有机物的 XRD 光谱

（a）粉煤灰 XRD 衍射图谱；（b）粉煤灰基金属骨架有机物；

（c）粉煤灰及粉煤灰基金属骨架有机物 d 值

了粉煤灰相和 ZIF-8 相的峰，在（001）、（002）、（112）、（022）、（013）、（222）、（114）和（233）晶面（对应峰值分别为 7.33°、10.41°、12.75°、14.73°、16.43°、18.07°、22.17°和 24.54°）可以明显看到 ZIF-8 的峰值[30]，说明成功制备了粉煤灰基金属骨架有机物复合材料。从图 5-3(c)可以看出，粉煤灰颗粒在包覆 ZIF-8 纳米颗粒后，间距 d 由 0.334 增加到 0.335，这表明粉煤灰表面负载了 ZIF-8 纳米颗粒。ZIF-8 纳米粒子平均晶粒尺寸由谢乐公式 $D=K\lambda/(\beta\cos\theta)$ 计算为 15.9nm[31]。

5.1.3.4　红外光谱分析

图 5-4 是粉煤灰和粉煤灰基金属骨架有机物的红外光谱。图 5-4（a）中，

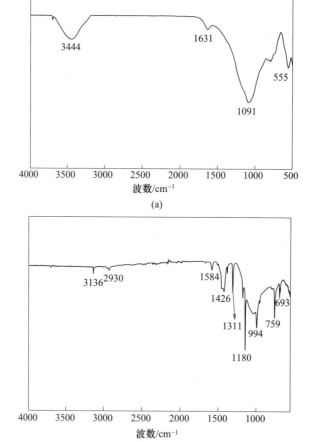

图 5-4　粉煤灰和粉煤灰基金属骨架有机物的 FTIR 光谱

（a）粉煤灰；（b）粉煤灰基金属骨架有机物

500~555cm⁻¹波段属于粉煤灰的 Al—O 伸缩振动和 Si—O 弯曲振动峰。1091cm⁻¹的波段对应于 Si—O—Si 不对称伸缩振动吸收峰[31]。3444cm⁻¹ 和 1631cm⁻¹ 分别属于粉煤灰的 O—H 伸缩和弯曲振动吸附峰。图 5-4（b）中，复合材料中同时出现了粉煤灰和 ZIF-8 的两个峰。3136cm⁻¹、2930cm⁻¹、1584cm⁻¹、1426cm⁻¹ 处的新红外衍射峰为咪唑的特征峰，500cm⁻¹ 处的红外衍射峰为 Zn—O 振动峰[32]。此外，3444cm⁻¹ 处的波段消失，甲基和咪唑环的 C—H 伸缩振动吸附峰分别出现在3136cm⁻¹ 和 2930cm⁻¹ 处。1631cm⁻¹ 处的 O—H 弯曲振动吸收峰消失，1584cm⁻¹ 处出现 C＝N 伸缩振动吸收峰。1180cm⁻¹ 和 994cm⁻¹ 处出现了 C—N 伸缩振动吸收峰[33]。另外，1350~1500cm⁻¹ 处的峰属于整个环的延伸。在 900~1350cm⁻¹ 处为环面内弯曲，而在 900cm⁻¹ 处为环的面外弯曲[34]。综上所述，粉煤灰基金属骨架有机物复合材料的制备机理如图 5-5 所示[35]。

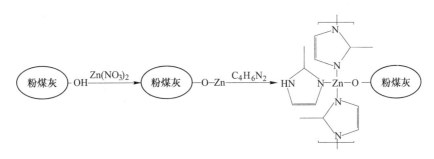

图 5-5 粉煤灰基金属骨架有机物的制备机理

5.1.3.5 比表面积和孔径

表 5-2 为粉煤灰（a）、粉煤灰基金属骨架有机物（b）和 ZIF-8 样品（c）的BET 比表面积、孔径大小和平均粒径尺寸。图 5-6 和图 5-7 分别为粉煤灰（a）、粉煤灰基金属骨架有机物（b）和 ZIF-8 样品（c）的氮吸附-脱附等温线和孔径分布图。由表 5-2 可知，粉煤灰无微孔（0cm³/g），中孔体积较小（0.0025cm³/g）。粉煤灰颗粒的比表面积只有 1.8m²/g，而 ZIF-8 的比表面积达到 1594.8m²/g。从图 5-6（a）可以看出，粉煤灰样品呈现出典型的Ⅳ吸附等温线，具有 h3 型滞回线，这可能与中孔较大有关；从图 5-6（c）和图 5-7（c）中可以看出，纯 ZIF-8 表现出典型的Ⅰ型等温线，微孔体积大（0.67cm³/g）、中孔体积小（0.06cm³/g）的特征，这由表 5-2 可以证实。与粉煤灰和 ZIF-8 不同的是，粉煤灰基金属骨架有机物复合材料表现出具有明显滞后的Ⅰ型和Ⅳ型等温线组合，这表明复合材料中微孔和介孔结构共存，图 5-7（b）证实了这一点。与粉煤灰颗粒相比，粉煤灰基金属骨架有机物复合材料具有较大的比表面积（249.5m²/g），不仅含有小

于 2nm 的微孔，而且在 2~27nm 左右还含有较大的中孔体积（0.078cm³/g），均高于粉煤灰颗粒和 ZIF-8 纳米颗粒，这有助于吸附废水中重金属离子。

表 5-2　粉煤灰、ZIF-8、复合材料的比表面积和孔隙度

试样	比表面积 /m² · g⁻¹	微孔体积 /cm³ · g⁻¹	中孔体积 /cm³ · g⁻¹	平均孔径尺寸 /nm
粉煤灰	1.8	0	0.025	4.21
复合材料	249.5	0.002	0.078	11.29
ZIF-8	1594.8	0.67	0.06	4.22

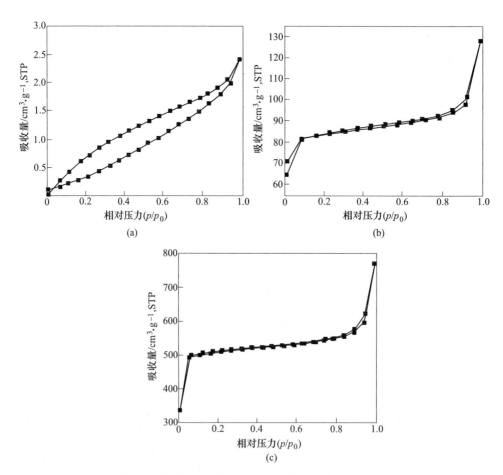

图 5-6　粉煤灰、复合材料、ZIF-8 氮气吸附和脱附曲线

（a）粉煤灰；（b）复合材料；（c）ZIF-8

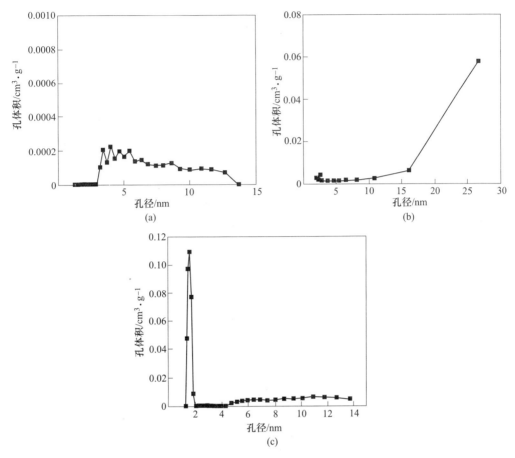

图 5-7 粉煤灰、复合材料及 ZIF-8 孔径分布

（a）粉煤灰；（b）复合材料；（c）ZIF-8

5.2 复合粉体吸附重金属离子

本节讲述上述制备的复合粉体吸附废水中 Zn^{2+}、Cu^{2+} 和 Ni^{2+}。实验所用六水硝酸锌（$Zn(NO_3)_2 \cdot 6H_2O$，≥99.0%），六水硝酸镍（$Ni(NO_3)_2 \cdot 6H_2O$，≥99.0%），三水硝酸铜（$Cu(NO_3)_2 \cdot 3H_2O$，≥99.0%）和甲醇（≥99.7%）均为分析纯。

吸附实验过程如下：在室温（298K）下分别加入一定量的吸附剂和一定量的铜、锌、镍离子溶液，进行吸附研究。铜、锌、镍离子溶液初始浓度在 100mg/L 左右，吸附剂用量在 0.1～1.5g/L 之间。磁力搅拌器转速为 400r/min，使吸附剂充分溶解，吸附平衡时间为 240min。在给定时间离心（7800r/min，10min）去除吸附剂，每个样品从瓶中取出离心过滤后的 7mL 溶液，用 ICP-OES 分析铜、锌、镍离子的浓度。复合粉体对铜、锌、镍离子的吸附量和去除率可由式（5-1）和式（5-2）计算。

$$去除率 = \left(\frac{C_0 - C_t}{C_0} \right) \times 100\% \tag{5-1}$$

$$Q_e = \frac{(C_0 - C_e)V}{m} \tag{5-2}$$

式中，C_0是铜、锌、镍离子的初始浓度，mg/L；C_t是吸附时间为 t 时，铜、锌、镍离子的浓度，mg/L；C_e 是吸附平衡时铜、锌、镍离子的浓度，mg/L；V 是溶液的体积，L；m 是吸附剂的质量，g。

5.2.1　吸附对比实验

粉煤灰、粉煤灰包覆 ZIF-8 复合粉体和纯 ZIF-8 去除 Cu^{2+}、Zn^{2+} 和 Ni^{2+} 的吸附结果如图 5-8 所示。吸附剂质量为 50mg，Cu^{2+} 浓度为 100mg/L，Zn^{2+} 浓度为 100mg/L，Ni^{2+} 浓度为 100mg/L，体积均为 50mL。由图 5-8 可以看出，吸附 4h（达到平衡）后，粉煤灰和 ZIF-8 分别吸附了 1.7%、1.8%、1.6% 和 79.8%、35.9%、30.9% 的 Cu^{2+}、Zn^{2+} 和 Ni^{2+}，复合粉体吸附 Cu^{2+}、Zn^{2+} 和 Ni^{2+} 分别为 94.0%、48.2%、36.1%，显著高于粉煤灰和 ZIF-8，表明 ZIF-8 与粉煤灰具有良好的协同吸附作用。实验还表明，在初始 20min 内，复合粉体对 Cu^{2+}、Zn^{2+} 和 Ni^{2+} 的吸附速率比粉煤灰和纯 ZIF-8 更快。

根据以上结果可以推断，粉煤灰包覆 ZIF-8 复合粉体由于具有较高的比表面积，提供了更多的活性位点，增强了对 Cu^{2+}、Zn^{2+} 和 Ni^{2+} 的吸附。此外，粉煤灰上高度分散的 ZIF-8 具有更多的中孔和活性位点，有利于吸附，从而提高了对 Cu^{2+}、Zn^{2+} 和 Ni^{2+} 的去除率，这也可以通过 Sayari[36] 和 Bibby[37] 的研究工作来解释。他们的研究表明，随着中孔尺寸的增大，材料对 Cu^{2+}、Zn^{2+}、Ni^{2+} 的吸附速度更快，而中孔尺寸较小的材料，由于空间位阻作用，吸附能力不能充分发挥。

通过分析 ZIF-8 或粉煤灰包覆 ZIF-8 复合粉体吸附重金属离子离心液中 Zn^{2+} 的浓度可以评价 ZIF-8 或粉煤灰包覆 ZIF-8 复合粉体的稳定性。纯 ZIF-8 吸附 Cu^{2+}、Zn^{2+}、Ni^{2+} 离心液中的 Zn^{2+} 浓度分别为 77mg/L、30mg/L 和 29mg/L，而粉煤灰包覆 ZIF-8 复合粉体离心液中 Zn^{2+} 浓度分别为 3.6mg/L、2.2mg/L 和 1.4mg/L。这种现象形成的原因是粉煤灰和纯 ZIF-8 之间形成 Si—O—Zn 键，复合粉体表面有机官能团活性点会吸附 Cu^{2+}、Zn^{2+} 和 Ni^{2+}，阻止了 Zn 与 Cu^{2+} 和 Ni^{2+} 之间的离子交换反应，而对于纯 ZIF-8，溶液中 Zn 裸露在表面，容易与 Cu^{2+} 和 Ni^{2+} 之间发生离子交换反应，导致离心液中 Zn^{2+} 提高，证实了复合粉体比纯 ZIF-8 具有更好的稳定性。因此，笔者重点研究复合粉体对重金属离子的吸附能力。

同时研究了复合粉体对 Cu^{2+}、Zn^{2+} 和 Ni^{2+} 混合溶液的吸附试验。Cu^{2+}、Zn^{2+} 和 Ni^{2+} 溶液的初始浓度均为 33.33mg/L，体积为 50mL，吸附剂用量为 50mg，吸

附时间为 4h，经复合粉体吸附后 Cu^{2+}、Zn^{2+} 和 Ni^{2+} 的平衡浓度分别为 0.04mg/L、34.18mg/L 和 32.43mg/L。可以看出，Cu^{2+} 完全被复合粉体吸附，而 Zn^{2+} 和 Ni^{2+} 由于相互竞争的离子的干扰而无法被吸附。

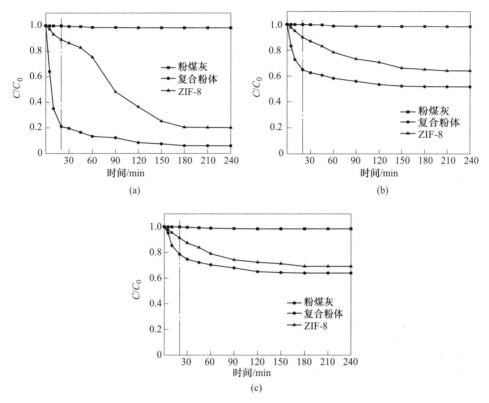

图 5-8　不同样品对 Cu^{2+}、Zn^{2+} 和 Ni^{2+} 吸附效果

（a）吸附 Cu^{2+}；（b）吸附 Zn^{2+}；（c）吸附 Ni^{2+}

5.2.2　pH 值

复合粉体吸附重金属离子去除率与溶液 pH 值之间的关系如图 5-9 所示。吸附剂浓度为 1g/L，重金属离子浓度为 100mg/L，温度为 298K，吸附时间为 4h。笔者发现，当溶液的 pH 值小于 3 时，复合粉体表面部分 N—Zn 键会断裂，而当 pH 值大于 6 时，重金属离子会与溶液中 OH^- 发生反应生成沉淀析出，这两个范围不适合复合粉体对重金属离子吸附过程的研究。因此，笔者考查了溶液 pH 值在 3~6 时复合粉体对重金属离子的吸附行为。从图 5-9 可以看出，复合粉体对重金属离子的吸附去除率随着溶液 pH 值的增大而增大。随着溶液 pH 值的增大，复合粉体与重金属离子之间的静电斥力减小。当 pH 值较低时，H^+ 占据了复合粉体表面的活性位点。随着 pH 值的增加，H^+ 浓度降低，离子之间竞争关系减弱，

活性位点对重金属离子的吸附性增大，导致重金属离子去除率增大。因此选择 pH 值为 5.5。

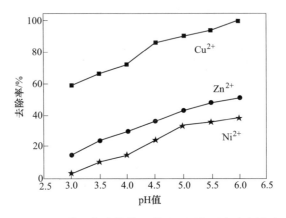

图 5-9　pH 值对复合粉体吸附重金属离子去除率影响

5.2.3　复合粉体体积浓度

图 5-10 是复合粉体体积浓度对重金属离子去除率和吸附量的影响。重金属离子浓度为 100mg/L，温度为 298K，反应时间为 4h，pH 值为 5.5。由图 5-10 可以看出，去除率随着复合粉体体积浓度的增加而增大，吸附量随着复合粉体体积浓度的增加而减小。这是因为复合粉体体积浓度增加，吸附活性位点增加，而重金属离子有限，导致吸附量减少。当复合粉体体积浓度很低（0.1g/L）时，吸附量接近饱和吸附容量。因此，复合粉体对 Cu^{2+}、Zn^{2+} 和 Ni^{2+} 的饱和吸附容量分别为 335mg/g、197mg/g 和 93mg/g。表 5-3 列出了不同吸附剂对 Cu^{2+}、Zn^{2+} 和 Ni^{2+} 饱和吸附容量的比较。可见，复合粉体的吸附容量相对较大。

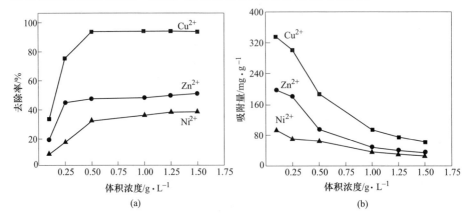

图 5-10　复合粉体体积浓度对重金属离子去除率和吸附量的影响

表 5-3 不同吸附剂对 Cu^{2+}、Zn^{2+} 和 Ni^{2+} 饱和吸附量

吸附剂种类	饱和吸附量/$mg \cdot g^{-1}$			参考文献
	Cu^{2+}	Ni^{2+}	Zn^{2+}	
石墨负载氧化锌复合粉体	37.54			[38]
改性碳材料		9.81	10.7	[39]
活性炭负载氧化锌	1300			[40]
纳米二氧化钛	26.5			[41]
电气石		30.67	37.88	[42]
粉煤灰基低聚物	90			[43]
复合粉体	335	93	197	本研究工作

5.2.4 复合粉体重复利用

吸附剂的可重复使用性是影响其实际应用的一个重要因素，图 5-11 为复合材料对吸附 Cu^{2+} 和 Ni^{2+} 的重复吸附试验。通过用 0.1mol/L 盐酸和去离子水洗涤吸附后离心分离的复合材料，干燥再生。由图 5-11 可以看出，经过 3 次重复再生吸附试验，复合材料吸附 Cu^{2+} 的去除率仍高于 85%，复合材料吸附 Ni^{2+} 去除率仍高于 30%。

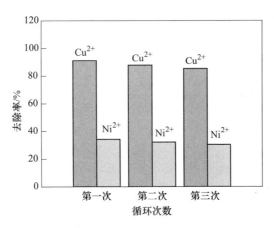

图 5-11 复合粉体吸附重金属离子重复试验

5.2.5 吸附机理

综合以上分析及一些学者的研究工作[44]，推测复合粉体对 Cu^{2+}、Zn^{2+} 和 Ni^{2+} 的吸附机理包括：表面吸附、孔吸附和离子交换。

参 考 文 献

［1］ Fu F L, Wang Q. Removal of heavy metal ions from wastewaters: A review ［J］. Journal of Environmental Management, 2011, 92 （3）: 407~418.

［2］ Alyüz B, Veli S. Kinetics and equilibrium studies for the removal of nickel and zinc from aqueous solutions by ion exchange resins ［J］. J. Hazard. Mater. , 2009, 167 （1）: 482~488.

［3］ Fu F L, Chen R M, Xiong Y. Application of a novel strategy-coordination polymerization precipitation to the treatment of Cu^{2+}-containing wastewaters ［J］. Sep. Purif. Technol. , 2006, 52 （2）: 388~393.

［4］ Molinari R, Poerio T, Argurio P. Selective separation of copper （Ⅱ） and nickel （Ⅱ） from aqueous media using the complexation ultra filtration process ［J］. Chemosphere, 2008, 70 （3）: 341~348.

［5］ 雷畅, 张鑫宇, 陈璇, 等. 不同改性粉煤灰对溶液中铅的吸附性能和机理研究 ［J］. 当代化工研究, 2020, （14）: 1~5.

［6］ 杨星, 呼文奎, 贾飞云, 等. 粉煤灰的综合利用技术研究进展 ［J］. 能源与环境, 2018, （4）: 55~57.

［7］ Wang S B, Li L, Zhu Z H. Solid-state conversion of fly ash to effective adsorbents for Cu removal from wastewater ［J］. J. Hazard. Mater. , 2007, B139 （2）: 254~259.

［8］ 图亚, 杨磊. 粉煤灰综合利用的发展现状与建议 ［J］. 化工管理, 2020, （12）: 11~12,

［9］ 宋彦哲, 李庆朝. 金属-有机骨架 （MOFs） 多孔材料 ZIF-8 的性能研究 ［J］. 橡胶科技, 2019, 17 （11）: 616~619.

［10］ 张晓东, 董寒, 赵迪, 等. 金属有机骨架材料 $Cu_3(BTC)_2$ 的制备及其光催化性能研究 ［J］. 水资源与水工程学报, 2015, 26 （4）: 35~37, 45.

［11］ Phan A, Doonan C J, Uribe-Romo F J, et al. Synthesis, structure, and carbon dioxide capture properties of zeolitic imidazolate frameworks ［J］. Acc. Chem. Res. , 2010, 43 （1）: 58~67.

［12］ 贺广凤. 金属有机骨架化合物 Cu-BTC 的合成及其成膜的研究 ［D］. 大连: 大连理工大学, 2010.

［13］ Britt D, Furukawa H, Wang B, et al. Highly efficient separation of carbon dioxide by a metal-organic framework replete with open metal sites ［J］. Proceedings of the National Academy of Sciences, 2009, 106 （49）: 20637~20640.

［14］ 郝召民, 杜利利, 王中英, 等. 功能 MOFs 材料的研究进展 ［J］. 化学研究, 2016, 27 （2）: 144~151.

［15］ 侯吉聪. 金属有机物骨架 （MOF） 在脱硫脱硝行业的研究进展 ［J］. 山东化工, 2019, 48 （10）: 81, 82, 84.

［16］ Xiang Z H, Peng X, Cheng X, et al. CNT@ $Cu_3(BTC)_2$ and metal-organic frameworks for separation of CO_2/CH_4 mixture ［J］. The Journal of Physical Chemistry C, 2011, 115 （40）: 19864~19871.

［17］ Kim M, Cahill J F, Fei H, et al. Postsynthetic ligand and cation exchange in robust metal-organic frameworks [J]. Journal of the American Chemical Society, 2012, 134 (43): 18082~18088.

[18] Shultz A M, Farha O K, Hupp J T, et al. A catalytically active, permanently microporous MOF with metalloporphyrin struts [J]. Journal of the American Chemical Society, 2009, 131 (12): 4204~4205.

[19] 邢鹏, 杨洋, 崔晓琴, 等. Cu 掺杂类沸石咪唑骨架 (ZIF-8) 纳米晶的机械化学法制备及其催化性能 [J]. 太原理工大学学报, 2019, 50 (4): 407~413.

[20] Eddaoudi M, Kim J, Rosi N, et al. Systematic design of pore size and functionality in isoreticular MOFs and their application in methane storage [J]. Science, 2002, 295 (5554): 469~472.

[21] 江璐. 咪唑酯金属-有机骨架材料 ZIF-8 吸附金属离子的研究 [D]. 北京: 北京化工大学, 2016.

[22] Sun C Y, Qin C, Wang X L, et al. Zeolitic imidazolate framework-8 as efficient pH-sensitive drug delivery vehicle [J]. Dalton Transactions, 2012, 41 (23): 6906~6909.

[23] Ordonez M J C, Balkus K J, Ferraris J P, et al. Molecular sieving realized with ZIF-8/Matrimid mixed-matrix membrances [J]. Journal of Membrane Science, 2010, 361 (1): 28~37.

[24] 翟睿, 焦丰龙, 林虹君, 等. 金属有机框架材料的研究进展 [J]. 色谱, 2014, 32 (2): 107~116.

[25] Park K S, Ni Z, Côté A P, et al. Exceptional chemical and thermal stability of zeolitic imidazolate frameworks [J]. Proceedings of the National Academy of Sciences, 2006, 103 (27): 10186~10191.

[26] Zhu M Q, Venna S R, Jasinski J B, et al. Room-temperature synthesis of ZIF-8: The coexistence of ZnO nanoneedles [J]. Chemistry of Materials, 2011, 23 (16): 3590~3592.

[27] Tran U P N, Le K K A, Phan N T S. Expanding applications of metal-organic frameworks: zeolite imidazolate framework ZIF-8 as an efficient heterogeneous catalyst for the knoevenagel reaction [J]. ACS Catalysis, 2011, 1 (2): 120~127.

[28] Ameloot R, Vermoorlete F, Vanhove W, et al. Interfacial synthesis of hollow metal-organic framework capsules demonstrating selective permeability [J]. Nature Chemistry, 2011, 3 (5): 382~387.

[29] Yang Y F, Gai G S, Cai Z F, et al. Surface modification of purified fly ash and application in polymer [J]. J. Hazard. Mater., 2006, B133, 276~282.

[30] Huang Y, Zeng X F, Guo L L, et al. Heavy metal ion removal of wastewater by zeolite-imidazolate frameworks [J]. Sep. Purif. Technol., 2018, 194: 462~469.

[31] Wang C L, Wang J, Bai L Q, et al. Preparation and characterization of fly ash coated with zinc oxide nanocomposites [J]. Materials, 2019, 12 (21): 3550.

[32] 李北罡, 丁磊. Ce/Fe/粉煤灰复合吸附材料的制备和表征 [J]. 功能材料, 2017, 48 (7): 17~22.

[33] Shi G M, Yang T, Chung T S. Polybenzimidazole (PBI) /zeolitic imidazolate frameworks (ZIF-

8) mixed matrix membranes for pervaporation dehydration of alcohols [J]. J. Membr. Sci., 2012, 415: 577~586.

[34] Jafari S, Ghorbani-shahna F, Bahrami A, et al. Effects of post synthesis activation and relative humidity on adsorption performance of ZIF-8 for capturing toluene from a gas phase in a continuous mode [J]. Appl. Sci., 2018, 8 (2): 310.

[35] Zhang H F, Zhao M, Yang Y, et al. Hydrolysis and condensation of ZIF-8 in water [J]. Microporous and Mesoporous Materials, 2019, 288: 109568.

[36] Sayari A, Hamoudi S, Yang Y. Applications of pore-expanded mesoporous silica. 1. Removal of heavy metal cations and organic pollutants from wastewater [J]. Chem. Mater., 2005, 17 (1): 212~216.

[37] Bibby A, Mercier L. Mercury (II) ion adsorption behavior in thiol-functionalized mesoporous silica microspheres [J]. Chem. Mater., 2002, 14: 1591~1597.

[38] Zhao X W, Hu B, Ye J J, et al. Preparation, characterization, and application of graphene-zinc oxide composites (G-ZnO) for the adsorption of Cu(II), Pb(II), and Cr(III) [J]. J. Chem. Eng. Data, 2013, 58 (9): 2395~2401.

[39] Alejandro G A, Virginia H M, Adrian B P, et al. Improving the adsorption of heavy metals from water using commercial carbons modified with egg shell wastes [J]. Ind. Eng. Chem. Res., 2011, 50 (15): 9354~9362.

[40] Mosayebi E, Azizian S. Study of copper ion adsorption from aqueous solution with different nano-structured and microstructured zinc oxides and zinc hydroxide loaded on activated carbon cloth [J]. J. Mol. Liq., 2016, 214: 384~389.

[41] Qian S H, Zhang S J, Huang Z, et al. Preconcentration of ultra-trace copper in water samples with nano-meter size TiO_2 colloid and determination by GFAAS with slurry sampling [J]. Microchim. Acta, 2009, 166 (3-4): 251~254.

[42] Wang C P, Liu J T, Zhang Z Y, et al. Adsorption of Cd (II), Ni (II), and Zn (II) by tourmaline at acidic conditions: Kinetics, Thermodynamics and Mechanisms [J]. Ind. Eng. Chem. Res., 2012, 51 (11): 4397~4406.

[43] Wang S B, Li L, Zhu Z H. Solid-state conversion of fly ash to effective adsorbents for Cu removal from wastewater [J]. J. Hazard. Mater., 2007, 139 (2): 254~259.

[44] Sajid A. Synthesis and adsorption properties of zeolitic imidazolate framework-8 (ZIF-8) [D]. Beijing: Beijing University of Chemical Technology, 2017.

6 粉煤灰包覆硅酸铝复合粉体制备及应用

<<<<<<<<<<<<<<<<<<<<<<<<<<<<<<<<<<<<<<<<<<<<<<<<<<<<<<

本章介绍粉煤灰空心微珠包覆硅酸铝复合粉体主要影响因素、制备原理、方法以及复合粉体在尼龙6中的应用。

笔者以上海格瑞亚纳米材料有限公司的粉煤灰空心微珠为原料，以煅烧粉煤灰空心微珠为基体，以硫酸铝溶液和硅酸钠溶液为包覆反应剂，制备了煅烧粉煤灰空心微珠包覆硅酸铝复合粉体材料。将复合粉体填充到扬子石油化工股份有限公司的尼龙6(8202C)中制备复合材料，研究了复合粉体填充尼龙6力学性能和热变形温度。

选用硅酸铝对粉煤灰空心微珠进行包覆具有以下优点：（1）水玻璃和硫酸铝在我国来源广泛，价格低廉；（2）硅酸铝的成分和粉煤灰成分相同，不改变其原有性能；（3）硅酸铝耐酸，在酸性条件下稳定。

6.1 煅烧粉煤灰空心微珠包覆硅酸铝正交试验

结合煅烧粉煤灰空心微珠包覆氢氧化镁复合粉体和氧化锌复合粉体制备影响因素和笔者关于粉煤灰空心微珠包覆硅酸铝复合粉体单因素试验结果[1]，选取了对试验结果影响较大的6个因素：包覆量、Al：Si物质的量之比、滴加速度、反应温度、溶液pH值和煅烧粉煤灰空心微珠与水固液比，设计六因素五水平正交试验，正交表选用$L_{25}(5^6)$。试验步骤如下：将煅烧粉煤灰空心微珠和水按一定质量比例加入三口烧瓶中，搅拌均匀，在一定的水浴温度和中速搅拌条件下，以一定的滴速同时滴加硫酸铝溶液与硅酸钠溶液，滴加完成后调节溶液pH值，继续反应30min，然后保温陈化30min，经过滤、洗涤、干燥和打散，得到煅烧粉煤灰空心微珠包覆纳米硅酸铝复合粉体。煅烧粉煤灰空心微珠包覆硅酸铝复合粉体正交试验安排和结果见表6-1和表6-2。

表 6-1 煅烧粉煤灰空心微珠包覆硅酸铝复合粉体正交试验安排表

序号	因　素					
	A	B	C	D	E	F
	包覆量/%	Al：Si	滴加速度/mL·min⁻¹	反应温度/℃	溶液pH值	固液比
1	70	1：1	1	60	7	1：5
2	90	1：2	2	70	9	1：8

续表 6-1

序号	因　素					
	A	B	C	D	E	F
	包覆量 /%	Al : Si	滴加速度 /mL·min⁻¹	反应温度 /℃	溶液 pH 值	固液比
3	100	2 : 3	3	80	10	1 : 10
4	110	1 : 3	4	90	11	1 : 13
5	120	1 : 4	5	95	13	1 : 15

表 6-2　煅烧粉煤灰空心微珠包覆硅酸铝复合粉体正交试验结果

序号	因　素						M 白度/%
	A	B	C	D	E	F	
1	70	1 : 1	1	60	7	1 : 5	44.5
2	70	1 : 2	2	70	9	1 : 8	41.2
3	70	2 : 3	3	80	10	1 : 10	50.8
4	70	1 : 3	4	90	11	1 : 13	40.0
5	70	1 : 4	5	95	13	1 : 15	40.7
6	90	1 : 1	2	80	11	1 : 15	56.1
7	90	1 : 2	3	90	13	1 : 5	48.7
8	90	2 : 3	4	95	7	1 : 8	52.6
9	90	1 : 3	5	60	9	1 : 10	37.1
10	90	1 : 4	1	70	10	1 : 13	38.1
11	100	1 : 1	3	95	9	1 : 13	55.2
12	100	1 : 2	4	60	10	1 : 15	39.2
13	100	2 : 3	5	70	11	1 : 5	54.8
14	100	1 : 3	1	80	13	1 : 8	42.4
15	100	1 : 4	2	90	7	1 : 10	42.0
16	110	1 : 1	4	70	13	1 : 10	58.3
17	110	1 : 2	5	80	7	1 : 13	37.6
18	110	2 : 3	1	90	9	1 : 15	49.3
19	110	1 : 3	2	95	10	1 : 5	56.2
20	110	1 : 4	3	60	11	1 : 8	39.1
21	120	1 : 1	5	90	10	1 : 8	40.0
22	120	1 : 2	1	95	11	1 : 10	58.0
23	120	2 : 3	2	60	13	1 : 13	55.3
24	120	1 : 3	3	70	7	1 : 15	39.1
25	120	1 : 4	4	80	9	1 : 5	43.5

续表 6-2

序号	因　　素						M 白度/%
	A	B	C	D	E	F	
E_{1j}	43.44	50.82	46.46	43.04	43.16	49.54	
E_{2j}	46.52	44.94	50.16	46.30	45.26	43.06	
E_{3j}	46.72	52.56	46.58	46.08	44.86	49.24	B>D>C>F>
E_{4j}	48.10	42.96	46.72	44.00	49.60	45.24	E>A
E_{5j}	47.18	40.68	42.04	52.54	49.09	44.88	
极差	4.66	11.88	8.12	9.5	6.44	6.48	

6.1.1　直观分析

E_j 为第 j 列（因素）试验结果的极差值，即第 j 列（因素）的 E_{1j}、E_{2j}、E_{3j}、E_{4j}、E_{5j}、E_{6j} 中最大值与最小值之差，极差值越大，说明该因素对煅烧粉煤灰空心微珠包覆硅酸铝复合粉体白度的作用效果越明显。E_{1j}、E_{2j}、E_{3j}、E_{4j}、E_{5j}、E_{6j} 分别是第 j 列（因素）第 1、2、3、4、5 水平的煅烧粉煤灰空心微珠包覆硅酸铝复合粉体白度之和的平均数。M_i 中 i 是试验序号。将计算值分别列入表 6-2 中。由表 6-2 中白度指标的极差的大小可知，各因素对白度影响显著性顺序为：B>D>C>F>E>A，即 Al∶Si 物质的量之比>反应温度>滴加速度>煅烧粉煤灰与水固液比>溶液 pH 值>包覆量。

6.1.2　方差分析结果

正交试验白度值方差分析见表 6-3。由方差分析表 6-3 可知，Al∶Si 物质的量之比和反应温度对粉煤灰空心微珠复合粉体白度的影响最显著，包覆剂滴加速度、溶液 pH 值和固液比的影响较显著，包覆量对白度的影响几乎不显著，即显著性大小排列为：B>D>C>F>E>A，即 Al∶Si 物质的量之比>反应温度>滴加速度>固液比>溶液 pH 值>包覆量，这与极差分析结果一致。

表 6-3　煅烧粉煤灰空心微珠包覆硅酸铝复合粉体白度值方差分析表

因素	偏差平方和	自由度	均差	F	F 临界值	显著性
A	61.882	4	15.471	1.000		
B	520.826	4	130.207	8.416		＊＊＊
C	166.426	4	41.607	2.689	$F_{0.01}=4.22$	＊
D	274.306	4	68.577	4.433	$F_{0.05}=2.78$	＊＊＊
E	162.863	4	40.716	2.612	$F_{0.1}=2.19$	＊
F	163.682	4	40.921	2.645		＊

6.1.3　因素指标图

　　煅烧粉煤灰空心微珠包覆硅酸铝复合粉体白度影响因素指标如图 6-1 所示。由图 6-1 可以看出，复合粉体最佳试验条件为 $A_4B_3C_2D_5E_4F_1$，即包覆量为 110%、Al：Si 物质的量之比为 2：3、硫酸铝溶液和硅酸钠溶液滴加速度为 2mL/min、反应温度为 95℃、溶液 pH 值为 11、煅烧粉煤灰空心微珠与水固液比为 1：5。在此条件下制备的复合粉体白度为 52.4%。由表 6-2 可知，16 号试验的白度值（58.3%）是正交试验的最高值，这是因为正交试验中有因素之间的交互作用。因此煅烧粉煤灰空心微珠包覆硅酸铝复合粉体制备最佳反应条件为包覆量（理论生成硅酸铝与煅烧粉煤灰质量比）为 110%、硫酸铝溶液与硅酸钠溶液同时滴加，滴加速度为 4mL/min、Al：Si 物质的量之比为 1：1、反应温度为 70℃、溶液 pH 值为 13、煅烧粉煤灰空心微珠与水固液比为 1：10，反应时间为 30min。

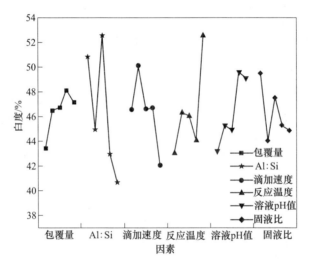

图 6-1　复合粉体白度影响因素指标图

6.2　工艺条件影响机理

　　包覆量影响复合粉体表面硅酸铝的含量；Al：Si 物质的量之比影响硫酸铝溶液与硅酸钠溶液的反应完全程度；硫酸铝溶液与硅酸钠溶液滴加速度影响反应离子的浓度，这将影响粉煤灰空心微珠表面吸附与之相同的元素（Si、Al）的速度，即影响自发吸引 Al^{3+} 和 SiO_3^{2-} 等离子的速率，从而影响悬浮液中带相反电荷的离子中和表面电性达到等电点的速率，最终决定硅酸铝是包覆在空心微珠表面还是在溶液中形成沉淀析出[1]；煅烧粉煤灰空心微珠与水固液比影响悬浮液的黏稠度和离子碰撞概率；反应温度影响离子的布朗运动速率、成核速率和溶液黏度；溶液 pH 值影响硅酸铝与基体的作用方式，在 pH 值为 13 的碱性条件下，生成硅酸铝的反应过程分为 3 个阶段[2]，见反应式（6-1）～式（6-3）。

$$Al^{3+} + 3OH^- \longrightarrow Al(OH)_3 \downarrow \tag{6-1}$$

$$SiO_3^{2-} + 2H^+ \longrightarrow H_2SiO_3 \downarrow \tag{6-2}$$

$$2Al(OH)_3 + 3H_2SiO_3 \longrightarrow Al_2O_3 \cdot 3SiO_2 \cdot 6H_2O \downarrow \tag{6-3}$$

不同 pH 值下 Zeta 电位值如图 6-2 所示。由图 6-2 可以看出：当 pH 值为 13 时，空心微珠和硅酸铝粒子均带负电荷，此时两种粒子均处于静电相斥的稳定状态，因此粒子分散性好，核－壳结构之间存在比静电斥力作用力更强的化学键力，即两者之间发生了化学反应。

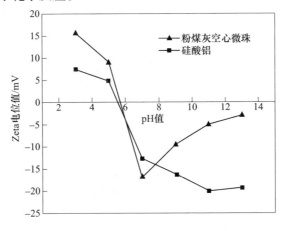

图 6-2　不同 pH 值下 Zeta 电位值

结合方差分析表 6-3 可知，Al∶Si 物质的量之比和反应温度对复合粉体的白度影响效果最显著。根据化学反应方程式（6-4）可知，Al∶Si 理论物质的量之比为 2∶3。当 Al∶Si 物质的量之比为 1∶1 时，即反应物中 Al^{3+} 含量偏多，有利于反应向生成硅酸铝的方向进行。反应温度在 70℃时复合粉体白度最高，这是因为反应温度偏低时离子运动速率慢，溶液黏度增大，产物不易分散而加剧凝胶的形成，也会包裹一些杂质离子不易分散，不利于沉淀过滤阶段的进行，降低产品纯度；温度升高加剧了布朗运动速率，增大了反应速率，在短时间内将生成大量硅酸铝颗粒，当反应温度为 70℃时，在空心微珠表面生成大量硅酸铝沉淀形成致密包覆层，从而提高复合粉体白度[3]。

$$Al_2(SO_4)_3 + Na_2SiO_3 \longrightarrow Al_2(SiO_3)_3 \downarrow \tag{6-4}$$

6.3　粉煤灰空心微珠包覆硅酸铝复合粉体表征

用日本电子株式会社生产的 JSM-35C 型扫描电子显微镜观察粉体样品形貌；用德国布鲁克公司生产的 TENSOR27 型 Fourier 变换红外光谱仪测定粉体的红外

光谱；用日本 Rigaku 公司生产的 MiniFlex600 型 X 射线仪进行物相测定；用杭州高新自动化仪器仪表公司生产的 DN-B 型白度仪测粉体白度；用北京精微高博科学技术有限公司生产的 JW-BK 型氮吸附仪测粉体比表面积。

6.3.1　表面形貌

图 6-3 为粉煤灰空心微珠、煅烧粉煤灰空心微珠、煅烧粉煤灰空心微珠包覆纳米硅酸铝复合粉体的扫描电镜图。可以看出，粉煤灰空心微珠原料呈球形结构，表面黏附少量细小颗粒，经过煅烧后粉煤灰空心微珠表面黏附的细小颗粒消失，变得光滑，但球形度未发生变化，说明在 815℃ 下煅烧 2 小时不会破坏空心微珠的结构；包覆后，粉煤灰空心微珠表面变得比较粗糙，表面硅酸铝粒子的平均粒径为 50nm 左右，且表面存在少量的沉淀团聚现象。

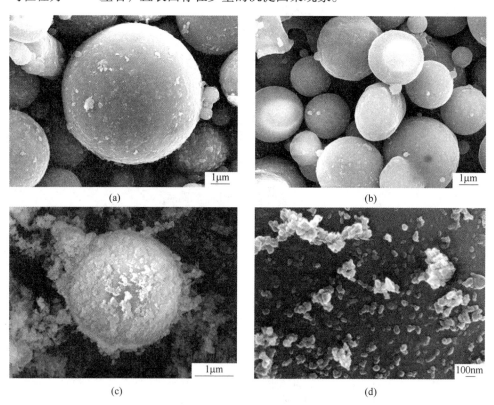

图 6-3　粉煤灰空心微珠、煅烧粉煤灰空心微珠和复合粉体扫描电镜图
（a）粉煤灰空心微珠；（b）煅烧粉煤灰空心微珠；（c）复合粉体×20000；（d）复合粉体×50000

6.3.2　X 射线衍射分析

图 6-4 为粉煤灰空心微珠和煅烧粉煤灰空心微珠的 X 射线衍射（XRD）图。

粉煤灰空心微珠原料含有大量非晶态物质和晶相物质，主要的晶体物质为莫来石 $Al_6Si_2O_{13}$（No. 150776）、石英 SiO_2（No. 461045），石英和莫来石晶相的特征峰十分显著，说明这两者的结晶度非常好，这与文献报道中的特征衍射峰相一致[4]。图谱中还出现了少量 Fe、Ca 的弱衍射峰，说明粉煤灰中含有微量的赤铁矿 Fe_2O_3（No. 521449）和硅灰石 $CaSiO_3$（No. 420550），煅烧后粉煤灰空心微珠的主要特征峰的位置没有发生偏移，说明主要晶相成分没有发生变化。

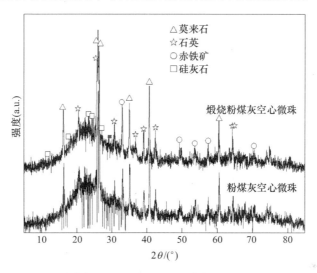

图 6-4　粉煤灰空心微珠和煅烧粉煤灰空心微珠 XRD 图

图 6-5 为煅烧粉煤灰空心微珠、纯硅酸铝和复合粉体的 XRD 图。可以看出

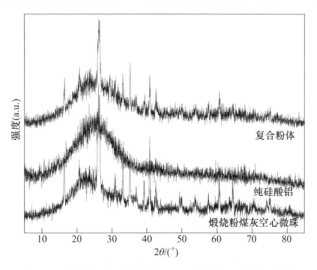

图 6-5　粉煤灰、煅烧粉煤灰和复合粉体 X 射线衍射图

纯硅酸铝和煅烧粉煤灰空心微珠的曲线走向类似，缺乏特征峰，说明硅酸铝和煅烧粉煤灰空心微珠均为无定型非晶态物质，两者主要成分均为 Al_2O_3 和 SiO_2。煅烧粉煤灰空心微珠包覆纳米硅酸铝后，也没有产生新的特征峰，说明煅烧粉煤灰空心微珠表面包覆的也是非晶态硅酸铝。

6.3.3　傅里叶红外光谱分析

将粉煤灰空心微珠在 815℃ 马弗炉里煅烧 2h，对原样和煅烧预处理后的粉煤灰空心微珠进行红外光谱检测，结果如图 6-6 所示。波数 3444cm^{-1} 处为自由羟基 O—H 伸缩振动的特征吸收峰[5]；波数 1631cm^{-1} 为 O—H 弯曲振动的特征吸收峰，说明粉煤灰空心微珠中含有大量羟基；波数 1091cm^{-1} 处是 Si—O—Si 非对称伸缩振动的特征吸收峰[6]，波数 555cm^{-1} 处是 O—Si—O 弯曲振动的特征吸收峰，结合图 6-4 粉煤灰空心微珠的 XRD 图可知，空心微珠中含有大量的莫来石和石英。煅烧处理后粉煤灰空心微珠的吸收峰位置无明显移动，只有吸收峰的强度发生了一定变化，这表明，煅烧处理并没有破坏粉煤灰空心微珠颗粒内部的化学键与官能团结构，而煅烧后 1091cm^{-1} 处的吸收峰强度降低，这与粉煤灰空心微珠表面自由水和少部分结合水在高温煅烧条件下蒸发有关。

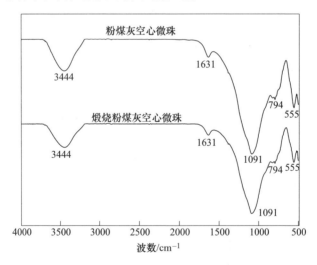

图 6-6　粉煤灰空心微珠和煅烧粉煤灰空心微珠红外光谱图

图 6-7 为煅烧粉煤灰空心微珠、纯硅酸铝和复合粉体的傅里叶红外光谱（FTIR）图。硅酸铝红外光谱图中波数 3444cm^{-1} 和 1641cm^{-1} 处是 O—H 伸缩振动和弯曲振动的特征吸收峰，波数 1035cm^{-1} 和 709cm^{-1} 处为 Si—O—Si 的非对称伸缩振动和 Si—O—Al 的伸缩振动特征吸收峰[7]。煅烧粉煤灰空心微珠和纯硅酸铝的红外光谱吸收曲线类似，特征峰的位置相近，纯硅酸铝的峰强更大，说明

两者的主要官能团一致，为 O—H、Si—O—Si、O—Si—O、Si—O—Al 等。包覆硅酸铝后，煅烧粉煤灰波数 1091cm^{-1} 处的峰移至波数 1028cm^{-1} 处，波数 794cm^{-1} 处的峰移至 729cm^{-1} 处，两处峰强均增大，说明复合粉体的包覆层中有更多的 Si—O—Si、Si—O—Al 官能团，即煅烧粉煤灰空心微珠表面包覆了纳米硅酸铝。

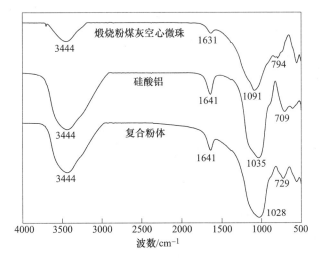

图 6-7　煅烧粉煤灰空心微珠、硅酸铝和复合粉体红外光谱图

6.3.4　白度和比表面积

表 6-4 为粉煤灰空心微珠、煅烧粉煤灰空心微珠和煅烧粉煤灰空心微珠包覆纳米硅酸铝复合粉体的白度和比表面积。图 6-8 为粉煤灰空心微珠、煅烧粉煤灰和煅烧粉煤灰空心微珠包覆纳米硅酸铝复合粉体白度照片。由图 6-8 可以看出煅烧后粉煤灰空心微珠白度由 13.7% 提高到 27.1%，比表面积从 3.69m^2/g 减小至 2.47m^2/g，这是因为煅烧后的粉煤灰除去了碳，表面变得光滑；包覆纳米硅酸铝后，白度从 27.1% 提高到 58.3%，比表面积从 2.47m^2/g 增大到 24.21m^2/g，这是因为煅烧粉煤灰空心微珠表面包覆了细小硅酸铝粒子，粗糙度变大。

表 6-4　粉煤灰、煅烧粉煤灰和复合粉体白度及比表面积

样品	白度/%	比表面积/m$^2 \cdot g^{-1}$
粉煤灰空心微珠	13.7	3.69
煅烧粉煤灰空心微珠	27.1	2.47
复合粉体	58.3	24.21

6.3.5　复合粉体制备机理

图 6-9 为不同 pH 值条件下煅烧粉煤灰空心微珠和纯硅酸铝的 Zeta 电位值。

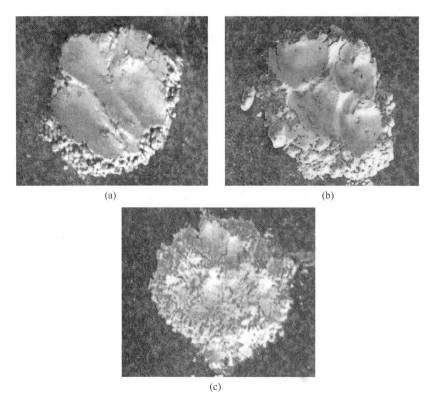

图 6-8　粉煤灰、煅烧粉煤灰和复合粉体白度图
（a）粉煤灰；（b）煅烧粉煤灰；（c）复合粉体

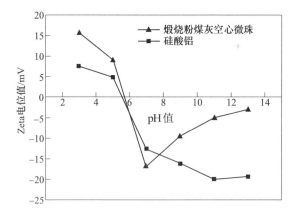

图 6-9　不同 pH 值下煅烧粉煤灰和纯硅酸铝 Zeta 电位值

由图 6-9 可以看出，当 pH 值为 13 时，煅烧粉煤灰空心微珠和纯硅酸铝表面均带负电荷，粒子之间存在静电斥力，欲成功制备核壳结构煅烧粉煤灰空心微珠包覆

纳米硅酸铝复合粉体,煅烧粉煤灰空心微珠与纯硅酸铝之间必须存在另一种足够大的化学键力,这种力要求不但可以对抗静电斥力,而且还能保证煅烧粉煤灰空心微珠与硅酸铝之间形成牢固地结合界面。由 XRD 图 6-4 和图 6-5 可知,硅酸铝和煅烧粉煤灰空心微珠的主要成分相似。由红外光谱图 6-7 可知,硅酸铝和煅烧粉煤灰的主要官能团均为 Si—O—Al 和 Si—O—Si。当 pH 值为 13 时,由于煅烧粉煤灰表面带负电,便会从溶液中自发吸引 Al^{3+},形成紧密吸附层,而 SiO_3^{2-} 则形成扩散层,这种作用力主要来源于异电荷的相互吸引和粒子的热运动,这样便在煅烧粉煤灰空心微珠表面吸附形成稳定硅酸铝包覆层。

6.4 复合粉体填充尼龙6

将煅烧粉煤灰空心微珠或煅烧粉煤灰空心微珠包覆硅酸铝复合粉体(600g)与 PA6(2000g)在张家港市通沙塑料机械有限公司生产的高速搅拌混合机中混合搅拌 2min,然后在烘箱中 80℃ 干燥 16h 后在南京瑞亚弗斯特高聚物装备有限公司生产的 TSE-35A 同向双螺杆挤出机上进行造粒,挤出机各区温度分别设为:210℃、220℃、220℃、230℃、240℃、250℃、250℃、240℃、230℃,机头温度设为 230℃;主机给定转速为 300r/min;喂料转速为 350r/min;物料温度为 230℃;机头压力为 0.8MPa;真空泵压力为 0.085MPa;切粒转速为 100r/min;环境温度为 18~30℃;环境湿度为 28%~40%。混合挤出造粒在烘箱中 80℃ 干燥 16h 后在山西汾西机电有限公司生产的 WK-100 注塑机上制备复合材料力学性能及热变形温度的测试样条。注塑机温度均设为 250℃;注射压力为 4MPa;保压时间为 4s;冷却时间为 1s;液压油温为 24℃。根据 GB/T 1040—92 标准测拉伸强度和弹性模量;根据 GB/T 9341—2000 标准测试弯曲强度和弯曲模量;根据 GB/T 1634.1—2004 标准测热变形温度。

表 6-5 为纯尼龙 6,煅烧粉煤灰空心微珠填充尼龙 6 和复合粉体填充尼龙 6 力学性能和热变形温度。由表 6-5 可知,尼龙 6 有较好的力学性能,但是热变形温度较低,只有 72.5℃。煅烧粉煤灰空心微珠填充到尼龙 6 中后,除缺口冲击强

表 6-5 不同填料填充尼龙 6 性能

样品	PA6	煅烧粉煤灰/PA6	复合粉体/PA6
缺口冲击强度/kJ·m^{-2}	7.4	5.1	5.5
拉伸强度/MPa	63.2	63.8	74.4
弹性模量/MPa	2192	2295	2897
弯曲强度/MPa	79.8	94.0	101.7
弯曲模量/MPa	2296	3063	3230
热变形温度/℃	72.5	116.7	126.4

度外，其他性能均高于纯尼龙6，热变形温度比纯尼龙6提高44.2℃。复合粉体填充尼龙6后，所有力学性能均高于煅烧粉煤灰空心微珠填充尼龙6力学性能，热变形温度也提高9.7℃，可见经过表面包覆纳米硅酸铝的煅烧粉煤灰空心微珠复合粉体对尼龙6的力学性能有明显改善作用，这归因于复合粉体具有表面粗糙的纳米结构，比表面积增大，使得煅烧粉煤灰空心微珠与塑料基体间的界面性能更好。

6.5　深圳金科粉煤灰包覆硅酸铝及填充尼龙6

深圳金科粉煤灰化学成分及含量（质量分数）如下：46.36% SiO_2，42.08% Al_2O_3，2.12% Fe_2O_3，0.79% FeO，0.79% MgO，3.17% CaO，0.27% Na_2O，0.83% K_2O。此粉煤灰已预先除碳。图6-10为深圳金科粉煤灰及复合粉体扫描电镜图[8]。表6-6为纯尼龙6、粉煤灰填充尼龙6、硅烷改性粉煤灰填充尼龙6、粉煤灰包覆硅酸铝填充尼龙6及复合改性粉体填充尼龙6性能[8]。由表6-6可以看出复合改性粉体性能高于单独改性粉煤灰填充尼龙6性能。

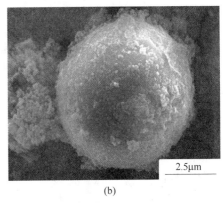

(a)　　　　　　　　　　　　　　　　(b)

图6-10　深圳金科粉煤灰及复合粉体扫描电镜图

（a）粉煤灰×6000；（b）复合粉体×12000

表6-6　不同改性粉煤灰填充尼龙6性能

样品	PA6	粉煤灰填充尼龙6	硅烷改性粉煤灰填充尼龙6	粉煤灰色覆硅酸铝填充尼龙6	复合改性粉体填充尼龙6
缺口冲击强度/kJ·m⁻²	7.2	5.1	6.8	5.8	7.2
拉伸强度/MPa	63.2	63.0	66.0	64.7	70.3
弹性模量/MPa	2191	2039	2413	2292	2488
弯曲强度/MPa	84.0	83.1	90.5	85.3	95.7
弯曲模量/MPa	2296	2287	2625	2358	2893
热变形温度/℃	72.5	103.4	106.3	111.7	115.6

参 考 文 献

［1］ 王彩丽，郑水林. 粉煤灰空心微珠表面包覆硅酸铝的工艺研究［J］. 化工矿物与加工，2007，（增刊）：87~91.

［2］ 李辽沙，李洪花，王梅，等. 纳米硅酸铝粉体制备及影响因素分析［J］. 过程工程学报，2007，7（3）：546~550.

［3］ 王彩丽，郑水林，王怀法. 非均匀成核法制备硅酸铝-硅灰石复合粉体材料［J］. 中国粉体技术，2012，18（1）：29~33.

［4］ Yang Y F, Gai G S, Cai Z F, et al. Surface modification of purified fly ash and application in polymer［J］. Journal of Hazardous Materials，2006，B133（1-3）：276~282.

［5］ 柯昌君，江盼，吴维舟. 粉煤灰蒸压活性的红外光谱研究［J］. 武汉理工大学学报，2009，31（7）：35~39.

［6］ 闻辂，梁婉雪. 矿物红外光谱学［M］. 重庆：重庆大学出版社，1989.

［7］ 鲁鹏，夏文宝，姜宏，等. 高铝硅酸盐玻璃的红外、拉曼光谱分析［J］. 硅酸盐通报，2015，34（3）：878~881.

［8］ Wang C L, Wang D, Zheng S L. Preparation of aluminum silicate/fly ash particles composite and its application in filling polyamide 6［J］. Materials Letters，2013，111：208~210.

7 粉煤灰包覆氧化锌复合粉体制备及应用

本章以 2500 目（5.5μm）煅烧粉煤灰空心微珠为研究对象，以氢氧化钠溶液和硫酸锌溶液为反应剂，采用化学沉淀法制备了煅烧粉煤灰空心微珠包覆氧化锌复合粉体，讨论了工艺条件如固液比、反应温度、溶液 pH 值、包覆量、滴加速率等对复合粉体白度的影响，介绍了复合粉体制备基本原理及其在填充尼龙 6 中的应用。

7.1 粉煤灰包覆氧化锌复合粉体制备及表征

7.1.1 实验原理

利用 $ZnSO_4$ 溶液和 NaOH 溶液在煅烧粉煤灰空心微珠的悬浮液中生成沉淀的化学反应，在粉煤灰空心微珠表面包覆 $Zn(OH)_2$ 沉淀，干燥后分解成 ZnO[1]，见式（7-1）和式（7-2）。

$$ZnSO_4 \cdot 7H_2O + 2NaOH \rule[0.5ex]{1.5em}{0.4pt} Zn(OH)_2 \downarrow + NaSO_4 + 7H_2O \qquad (7\text{-}1)$$

$$Zn(OH)_2 \rule[0.5ex]{1.5em}{0.4pt} ZnO + H_2O \qquad (7\text{-}2)$$

7.1.2 实验方法

首先使用高温马弗炉 850℃ 下对粉煤灰空心微珠进行预煅烧处理，然后将煅烧粉煤灰空心微珠和水在三口烧瓶中配置成一定固液比的悬浮液，以一定的温度和中等搅拌速率开始预搅拌 20min，然后通过两台恒流泵分别滴加 $ZnSO_4$ 溶液和 NaOH 溶液，反应一段时间后，等待 0.5h 使颗粒完全沉降、洗涤、过滤、干燥、打散，得到煅烧粉煤灰空心微珠包覆氧化锌复合粉体。

7.1.3 样品表征

采用 BET 氮吸附比表面积仪测量复合粉体的比表面积；采用 DN-B 型数显白度仪检测复合粉体的白度值；采用 BT-1500 离心沉降式粒度分布仪测定复合粉体材料的粒度分布；采用 JSM-7001F 型扫描电子显微镜观察复合粉体表面形貌；采用 X 射线衍射仪观察与分析复合粉体物相组成；采用 TENSOR27 型傅里叶变换红外光谱仪观察与分析复合粉体主要官能团结构。

7.1.4　工艺条件对复合粉体白度和形貌的影响

煅烧粉煤灰空心微珠包覆氧化锌复合粉体的制备效果受滴加方式、反应物浓度、反应温度、滴加速率、固液比、包覆量、反应时间、pH 值等因素的影响[2~4]。白度是矿物材料包覆改性中一种重要的参数，它不仅决定着外观的白色程度，更重要的是能从宏观角度检测包覆是否进行得彻底。

图 7-1 为不同滴加方式对复合粉体白度的影响。包覆量为 45%，固液比为 1:3，$ZnSO_4$ 和 NaOH 的反应物浓度分别为 0.15mol/L 和 0.30mol/L，反应温度为 80℃，反应时间为 30min，pH 值为 7~8。

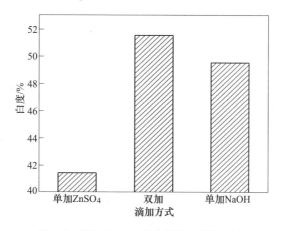

图 7-1　滴加方式对复合粉体白度的影响

由图 7-1 可见，双加可以使复合粉体的白度值达到最高，这与第 2 章和第 3 章结论一致。

图 7-2 为不同包覆剂浓度对复合粉体白度的影响。图 7-2 中，（a）NaOH 和 $ZnSO_4$ 浓度分别为 0.2mol/L 和 0.10mol/L；（b）NaOH 和 $ZnSO_4$ 浓度分别为 0.3mol/L 和 0.15mol/L；（c）NaOH 和 $ZnSO_4$ 浓度分别为 0.4mol/L 和 0.20mol/L。由图 7-2 可以看出，当 NaOH 溶液和 $ZnSO_4$ 溶液的浓度分别为 0.2mol/L 和 0.1mol/L 时，溶液中的离子浓度相对较低。由于动力不足，生成的包覆层不能完全覆盖煅烧粉煤灰表面，制备的复合粉体白度较低；当 NaOH 和 $ZnSO_4$ 溶液浓度分别为 0.30mol/L 和 0.15mol/L 时，溶液中离子浓度和驱动力合适，析出了足够多的晶核，复合粉体白度较高；当 NaOH 溶液和 $ZnSO_4$ 溶液的浓度分别为 0.4mol/L 和 0.2mol/L 时，随着包覆剂浓度的增加，反应过程的推动力增大，生成的沉淀容易团聚。因此，NaOH 溶液和 $ZnSO_4$ 溶液的最佳浓度分别为 0.3mol/L 和 0.15mol/L。

图 7-3 是不同包覆量下复合粉体的白度。如图 7-3 所示，复合粉体的白度随

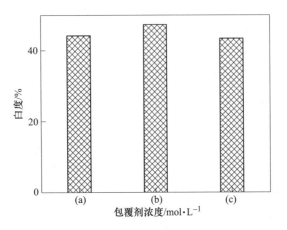

图 7-2 不同包覆剂浓度对复合粉体白度的影响

着包覆量的增加而增加。当包覆量为 90% 时，复合粉体的白度最高。随着包覆量的增加，白度值变化不大，因此最佳包覆量为 90%。

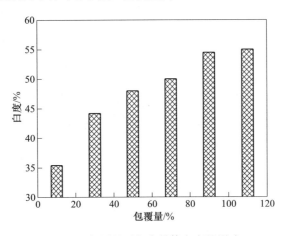

图 7-3 包覆量对复合粉体白度的影响

图 7-4 为 $ZnSO_4$ 溶液和 NaOH 溶液滴速对复合粉体白度的影响。由图 7-4 可知，当包覆剂滴速为 2mL/min 时，制备的复合粉体白度最高。如果滴加速度太慢，溶液中的离子浓度太小，反应驱动力不足，析出晶核的粒径小于晶核的临界半径，会重新溶入溶液。如果包覆剂滴速过快，水解反应速度快，溶液中离子浓度高，容易造成包覆剂不均匀。此外，新生成的 $Zn(OH)_2$ 沉淀具有较大的表面能和活性，会导致严重的团聚。因此，包覆剂的最佳滴速为 2mL/min。

反应温度对复合粉体白度的影响如图 7-5 所示。由图 7-5 可知，复合粉体的白度值在 80℃时达到最高值，为 62.6%。这一现象可以用 Volmer 成核速率公式

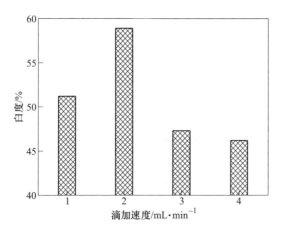

图 7-4　滴加速度对复合粉体白度的影响

来解释，即反应温度不宜过高或过低，因此当反应温度为 80℃时，成核率最高，煅烧粉煤灰表面会形成大量氢氧化锌沉淀，形成致密的包覆层，从而提高复合粉体的白度。

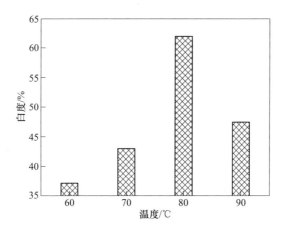

图 7-5　反应温度对复合粉体白度的影响

图 7-6 为 60~90℃不同反应温度下复合粉体的微观形貌。可以看出，反应温度对复合材料的形貌有重要影响。包覆后，煅烧粉煤灰表面出现针状或柱状氧化锌。随着反应温度的升高，柱状氧化锌的直径变小，长径比增大，但不够均匀。这说明低温有利于大晶粒尺寸、形貌均匀氧化锌的形成；高温有利于小晶粒尺寸氧化锌的形成。图 7-6（a）中，反应温度较低，离子移动速度较慢，析出颗粒粒径较大，直径约为 2μm。图 7-6（b）中，反应温度为 70℃，析出物为直径约200~400nm 的六棱柱状氧化锌晶体，呈"菊状"簇状排列。与图 7-6（b）相比，

当反应温度升高到80℃时，氧化锌晶体直径减小，约小于100nm，长径比增大。氧化锌晶体形状均匀，属于六方纤锌矿结构。煅烧粉煤灰表面的氧化锌不再是直立的，而是水平的。这种不规则的排列增加了煅烧粉煤灰的表面粗糙度和颗粒尺寸，因此制备的复合粉体没有暴露区域。当反应温度为90℃时，离子移动速度较快，反应过程会在很短的时间内完成，前驱体粒子之间的高动能增加了碰撞的概率，容易形成聚集，导致包覆层沉淀不均匀。

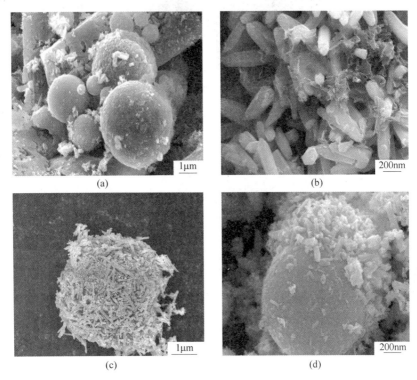

图 7-6 不同反应温度下复合粉体扫描电镜图
(a) 60℃；(b) 70℃；(c) 80℃；(d) 90℃

图 7-7 为不同反应时间对复合粉体白度的影响。由图 7-7 可知，当反应时间为 30min 时，复合粉体白度值最高。随着反应时间的增加，复合粉体的白度值呈下降趋势，这是因为反应时间为 10min 时，未完全形成沉淀；当反应时间为 30min 时，煅烧粉煤灰表面包覆氧化锌吸附量和脱附量达到动态平衡；当反应时间超过 30min 时，煅烧粉煤灰表面的氧化锌颗粒由于机械力的作用开始脱落，因此最佳反应时间为 30min。

图 7-8 是 pH 值对复合粉体白度的影响。从图 7-8 可以看出，复合粉体在强酸、强碱环境（pH 值小于 5 和 pH 值大于 9）中白度较低，这是因为：(1) $Zn(OH)_2$ 属于两性氢氧化物，易溶于强酸和强碱。在强酸中溶解形成锌盐，在强碱中溶解

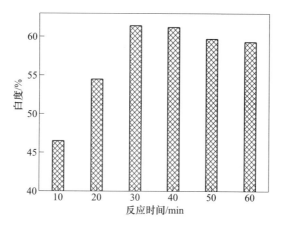

图 7-7 反应时间对复合粉体白度的影响

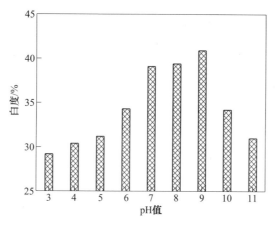

图 7-8 pH 值对复合粉体白度的影响

形成锌酸盐。因此，在这两种实验条件下形成的包覆层会降低复合粉体的白度。（2）滴加完成后将 pH 值调至酸性时，会中和 NaOH，导致沉淀 $Zn(OH)_2$ 的含量减少。因此，复合粉体的白度不高。当 pH 值为 9 时，包覆剂的含量较多，所以白度相对较高。弱碱性的环境下（pH 值为 9），OH^- 相对浓度较高但不能溶解生成的包覆层，水解达到动态平衡：$[Zn(H_2O)_n]^{2+} \rightleftharpoons Zn(OH)_2 \downarrow +2H^+ +(n-2)$ H_2O，有利于促进反应向生成沉淀的方向进行，因此最佳 pH 值为 9。图 7-9 给出了不同 pH 值下煅烧粉煤灰和氢氧化锌的 Zeta 电位图。如图 7-9 所示，当 pH 值等于 9 时，$Zn(OH)_2$ 的 Zeta 电位值为 -32.4，可以较稳定的存在，此时空心微珠也带负电荷，两者之间存在静电斥力，即两者不会以物理吸附的方式结合在一起，而是存在一种比范德华力更强的化学键力。

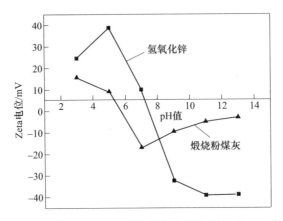

图 7-9　不同 pH 值下氢氧化锌和煅烧粉煤灰 Zeta 电位

图 7-10 是固液比对复合粉体白度的影响。可以看出，当固液比为 1∶8 时白度最高。综上所述，当包覆量为 90%，pH 值为 9，固液比为 1∶8，反应温度为 80℃，氢氧化钠溶液浓度为 0.3mol/L，滴加速度为 2mL/min，$ZnSO_4$ 溶液浓度为 0.15mol/L，滴加速度为 2mL/min，反应时间为 30min 时，制备的复合粉体的白度从 27% 上升到 62.6%（见图 7-11）。

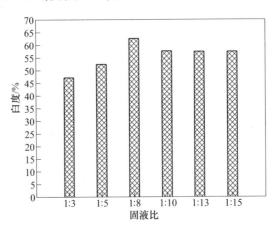

图 7-10　固液比对复合粉体白度的影响

7.1.5　复合粉体表征

7.1.5.1　XRD 射线分析

采用 XRD 对粉煤灰空心微珠煅烧样、ZnO、复合粉体进行检测，结果如图 7-12 所示。曲线 b 为无粉煤灰存在时生成的纯 ZnO 的特征衍射峰，可以看出生成

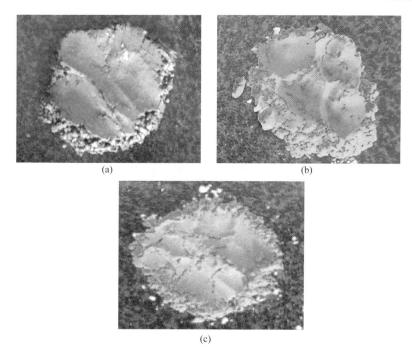

图 7-11 粉煤灰、煅烧粉煤灰和复合粉体图

（a）粉煤灰；（b）煅烧粉煤灰；（c）复合粉体

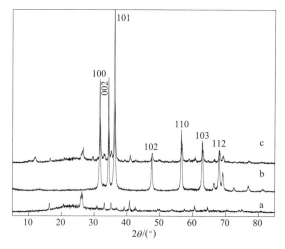

图 7-12 包覆 ZnO 前后的 XRD

a—粉煤灰空心微珠煅烧样；b—氧化锌；c—复合粉体

的 ZnO 为六方晶系纤锌矿结构，卡片号为 No. 361451，说明前驱体 Zn(OH)$_2$ 经过煅烧基本上完全分解成 ZnO[5]；复合粉体中同时出现了粉煤灰和氧化锌的衍射峰，2θ 在 25°左右处的粉煤灰空心微珠的莫来石晶相的特征峰与杨玉芬等人[6]文

献的报道中 Ca(OH)₂ 包覆粉煤灰的特征峰相吻合，这表明此最佳条件下无定型的铝硅玻璃体如 Al₂O₃ 等很容易与 Zn(OH)₂ 发生反应生成水化硅酸盐或水化铝酸盐，随着 Zn(OH)₂ 的不断激发，微珠的致密表面层不断被侵蚀，其反应后的生成相在微珠表面形核、沉积和长大，105℃ 干燥后，最后得到包覆了 ZnO 的空心微珠核壳结构复合粉体。

7.1.5.2 红外光谱分析

图 7-13 为包覆 ZnO 前后的粉煤灰空心微珠的红外吸收光谱图。图 7-13（Ⅰ）

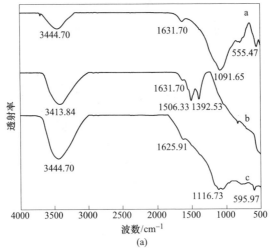

(a)

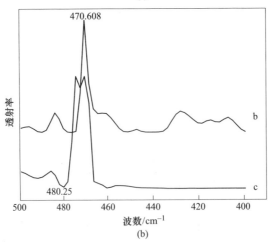

(b)

图 7-13 包覆 ZnO 前后粉煤灰空心微珠 FTIR 图
（a）特征区；（b）指纹区
a—粉煤灰空心微珠煅烧样；b—氧化锌；c—复合粉体

为红外光谱特征区，图7-13（Ⅱ）为红外光谱指纹区；曲线a为空心微珠煅烧样的FTIR图，曲线b为ZnO的FTIR图，曲线c为复合粉体的FTIR图。由曲线b可知，ZnO在波数1631.70cm^{-1}处出现了O—H弯曲振动峰，这是ZnO表面水的羟基或者桥联羟基的伸缩和弯曲振动吸收峰引起的[7]。相比曲线a，图7-13（Ⅰ）曲线c中3444.70cm^{-1}处伸缩振动峰与吸附水有关，其位置没有移动，峰强显著增大，说明复合粉体羟基含量增多；波数1625.91cm^{-1}处的O—H弯曲振动峰发生了轻微红移现象，这是由于Zn^{2+}的出现替代了部分原有Si^{4+}，阳离子的原子序数增大，使吸收谱带向低频偏移[8]。曲线b和c中不存在波数为3690cm^{-1}左右的峰，即缺乏典型的氢氧键，说明ZnO的前驱体已全部分解。图7-13（Ⅱ）中的"指纹区"波数470~480cm^{-1}等均是Zn—O的特征吸收峰，表明复合粉体中含有大量的ZnO，即粉煤灰空心微珠表面包覆了均匀致密的ZnO层，形成空心微珠基核-壳结构复合粉体。

7.1.5.3 比表面积和孔特性

表7-1给出了粉煤灰、煅烧粉煤灰、复合粉体的比表面积和孔隙特征。可以看出，煅烧后粉煤灰的BET比表面积由5.80m^2/g降至4.51m^2/g，这是碳的去除所致。包覆ZnO后，BET比表面积从5.80m^2/g增加到14.61m^2/g，孔隙体积从0.0112cm^3/g增加到0.0324cm^3/g，其原因是被包覆的颗粒没有完全填满的间隙变成了孔隙状结构。

表7-1 粉煤灰、煅烧粉煤灰、复合粉体的比表面积和孔隙特征

样品	$S_{BET}/m^2 \cdot g^{-1}$	$V_{total}/cm^3 \cdot g^{-1}$	$V_{meso}/cm^3 \cdot g^{-1}$	$V_{mac}/cm^3 \cdot g^{-1}$	D/nm
粉煤灰	5.80	0.0113	0.0112	0.0001	4.75
煅烧粉煤灰	4.51	0.0090	0.0089	0.0001	4.86
复合粉体	14.61	0.0327	0.0324	0.0003	5.86

ZnO晶体结构有多种形态，六方红锌矿结构（晶胞参数：$a=0.325$nm，$c=0.52$nm）、六方纤锌矿结构（晶胞参数：$a=0.381$nm，$c=0.626$nm）、面心立方的闪锌矿结构（晶胞参数：$a=0.428$nm）和立方体结构（晶胞参数：$a=0.462$nm）[9~11]，其中六方纤锌矿结构中，Zn原子按六方紧密堆积排列，每个Zn原子周围有4个氧原子，构成Zn-O$_4^{6-}$负离子配位四面体，在C轴方向Zn-O四面体之间是以顶角相连，四面体的三次对称轴L_3与晶体中的L_6平行，四面体的一个顶角指向$-C$（000$\overline{1}$），底面平行于$+C$（0001）面，即由于Zn、O原子在C轴方向上不是对称分布的，因此ZnO属于极性晶体，如图7-14所示。从结晶化学角度分析，晶体中的阳离子是构成晶体的主要结构骨架，负离子配位四面体是晶体的基本结构基元。结合XRD图7-12和SEM图7-6可知，复合粉体的ZnO包覆

层形貌为直径约为 46nm，径长为 1~2.5μm 的六棱柱状，其中 101 面即（0001）面为 Zn 原子面，此衍射峰最尖锐，说明该面的结晶度最佳，（000$\bar{1}$）面为 O 原子面，无对称结构，各晶面生长速度进行对比：（0001）<（01$\bar{1}$1）<（01$\bar{1}$0）<（01$\bar{1}$1）<（000$\bar{1}$），所以生成的 ZnO 长径比大，结合图 7-15 的 ZnO 晶体的理论结晶形态，说明理论和实际相符合。

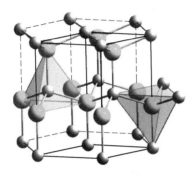
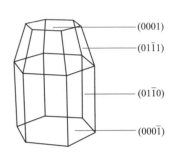

图 7-14　ZnO 的三维结构图　　　　图 7-15　ZnO 晶体的理论结晶形态

7.2　粉煤灰包覆氧化锌填充尼龙 6

表 7-2 为纯尼龙 6、硅烷改性煅烧粉煤灰和复合改性粉体填充尼龙 6 性能，可以看出，除拉伸强度外，复合改性粉体填充尼龙 6 性能均优于硅烷改性粉煤灰填充尼龙 6 性能。

表 7-2　不同填料填充尼龙 6 性能

样品	PA6	硅烷改性粉煤灰/PA6	复合改性粉体/PA6
缺口冲击强度/kJ·m^{-2}	9.7	7.1	7.5
拉伸强度/MPa	62	71	64
弯曲强度/MPa	82	110	111
热变形温度/℃	120.5	170.7	178
氧指数/%	22	26	27

参 考 文 献

[1] Ingrid Grobelsek, Benjamin Rabung. Electrochemical synthesis of nanocrystalline zinc oxide and phase transformations of zinc hydroxides [J]. J. Nanopart. Res., 2011, 13 (10)：5103~5119.

[2] Wang C L, Wang D, Zheng S L. Preparation of aluminum silicate/fly ash particles composite and

its application in filling polyamide 6 [J]. Materials Letters, 2013, 111: 208~210.

[3] Wang C L, Wang D, Zheng S L. Characterization, organic modification of wollastonite coated with nano-Mg(OH)$_2$ and its application in filling PA6 [J]. Materials Research Bulletin, 2014, 50: 273~278.

[4] 王彩丽, 郑水林, 王怀法. 非均匀成核法制备硅酸铝-硅灰石复合粉体材料 [J]. 中国粉体技术, 2012, 18 (1): 29~33.

[5] 靳建华, 白炳贤, 白涛, 等. 氨水沉淀法制备纳米氢氧化锌和氧化锌 [J]. 无机盐工业, 2000, 32 (6): 7, 8.

[6] Yang Y F, Gai G S, Cai Z F, et al. Surface modification of purified fly ash and application in polymer [J]. Journal of Hazardous Materials, 2006, B133 (1-3): 276~282.

[7] 武志富, 李素娟. 氢氧化锌和氧化锌的红外光谱特征 [J]. 光谱试验室, 2012, 29 (4): 2172~2175.

[8] 刘芳, 胡国海. 红外吸收光谱基团频率影响因素的验证 [J]. 景德镇高专学报, 2010, 25 (4): 28~30.

[9] 钟兴厚. 无机化学丛书 (第六卷): 卤素 铜分族 锌分族 [M]. 北京: 科学出版社, 1995.

[10] 秦善. 结构矿物学 [M]. 北京: 北京大学出版社, 2011.

[11] Wang Z L. Nanostructures of zinc oxide [J]. Materials Today, 2004, 7 (6): 26~33.

8 粉煤灰包覆氢氧化镁复合粉体制备及应用

开发环境友好型、低成本、易回收的废水中重金属高效吸附剂有着非常重要的意义[1]。纳米氢氧化镁由于具有较大的比表面积而被用作重金属吸附剂，然而其表面能高、易发生团聚、且粒度较小，难于回收[2]。粉煤灰用作吸附剂成本较低、易回收，然而其比表面积较小，吸附性较差[3]。根据"粒子设计"的思想，构想在微米级粉煤灰粉体的表面包覆纳米氢氧化镁粒子制备复合粉体，不但可以解决纳米氢氧化镁吸附重金属离子表面能高、易发生团聚、且粒度较小，难于回收的问题，而且可以解决粉煤灰用作吸附剂比表面积较小，吸附性较差的问题。

本章介绍粉煤灰空心微珠包覆氢氧化镁复合粉体制备基本原理、影响因素及其在吸附酸性废水中重金属离子方面的应用。

8.1 粉煤灰包覆氢氧化镁复合粉体制备

8.1.1 包覆 Mg(OH)₂ 单因素试验

粉煤灰空心微珠表面包覆 $Mg(OH)_2$ 的单因素试验主要包括包覆量、NaOH 溶液浓度和滴加速度、$MgSO_4$ 溶液浓度和滴加速度、包覆剂添加方法、反应温度、固液比、反应时间和溶液 pH 值等因素对复合粉体白度的影响。

8.1.1.1 包覆量

图 8-1 为包覆量对复合粉体白度的影响。由图 8-1 可知，随着包覆量的增加，复合粉体白度逐步稳定上升，包覆量为 50% 时白度达到最高，随着包覆量继续增加，复合粉体白度有所下降。这是因为随着包覆量升高，空心微珠表面的 $Mg(OH)_2$ 沉淀增加，包覆面积增加，包覆层增厚，提高了遮盖力，因此复合粉体白度也得到提高。当包覆量增加到 60%~70%，溶液中离子浓度过高，成核推动力过大，促使 OH^- 和 Mg^{2+} 游离在溶液中，进而使离子和空心微珠难以以异相成核的方式结合，形成均相沉淀，因而白度降低。

8.1.1.2 NaOH 溶液浓度

图 8-2 为 NaOH 溶液浓度对复合粉体白度的影响。由图 8-2 可知，当 NaOH

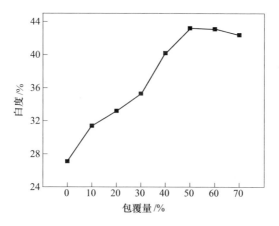

图 8-1 包覆量对粉煤灰空心微珠基复合粉体白度的影响

溶液浓度为 0.3mol/L 时，复合粉体白度达到最高值。NaOH 溶液浓度过低时，成核推动力小，反应速率慢，因此白度不高；当浓度超过 0.3mol/L 时，随着浓度继续增加，白度持续减小，原因可能是 $Mg(OH)_2$ 的等电点为 11.2，NaOH 溶液浓度越高，则溶液过饱和度越高，导致成核过程极快，容易生成粒径小、形状不规则的晶核，此时表面能大，$Mg(OH)_2$ 极性强，易产生团聚[4]。因此 NaOH 溶液最佳浓度为 0.3mol/L。

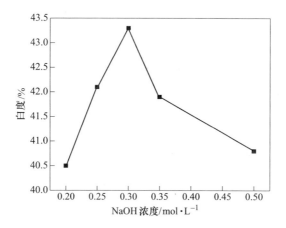

图 8-2 NaOH 溶液浓度对粉煤灰空心微珠基复合粉体白度的影响

8.1.1.3 NaOH 溶液滴加速度

图 8-3 为 NaOH 溶液滴加速度对复合粉体白度的影响。由图 8-3 可知，NaOH 溶液滴加速度在 2mL/min 时白度较高，滴加速度为 2~3mL/min 时白度值降低，在滴加速度为 3~5mL/min 时白度值呈缓慢增加的趋势，在 5~7mL/min 时白度值快速增加，在 7mL/min 时白度值达到最高点，在 7~8mL/min 有回落趋势。滴加

NaOH 溶液时，溶液中原有的 MgSO$_4$ 溶液浓度高，NaOH 溶液滴加速度过慢意味着 NaOH 溶液浓度极低，OH$^-$ 的补充速度比不上消耗[5]，生成的沉淀没有包覆在微珠表面，和空心微珠形成混合物，造成白度较高的假象。当 NaOH 溶液滴加速度快时，两种包覆剂之间浓度差快速减小，有利于进行非均匀成核反应，但滴加速度不能过快，否则浓度过大，成核驱动力过大，沉淀粒径过小，易团聚。因此 NaOH 溶液最佳滴加速度为 7mL/min。

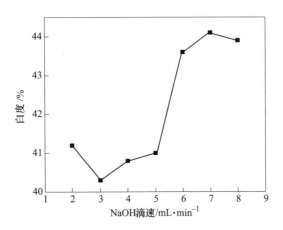

图 8-3　NaOH 溶液滴加速度对粉煤灰空心微珠基复合粉体白度的影响

8.1.1.4　MgSO$_4$ 溶液浓度

图 8-4 为 MgSO$_4$ 溶液浓度对复合粉体白度的影响。当 MgSO$_4$ 溶液的浓度为 0.15mol/L 时复合粉体白度最高。当 NaOH 溶液的浓度为 0.3mol/L 时，根据化学

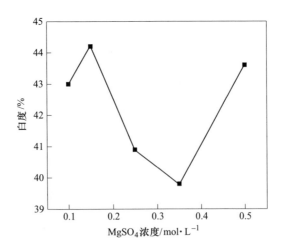

图 8-4　MgSO$_4$ 溶液浓度对粉煤灰空心微珠基复合粉体白度的影响

方程式的化学计量数之比计算可知，$MgSO_4$ 溶液的浓度为 NaOH 溶液的一半，这与图 8-4 得到的结论一致。因此 $MgSO_4$ 溶液最佳浓度为 0.15mol/L。

8.1.1.5 $MgSO_4$ 溶液滴加速度

图 8-5 为 $MgSO_4$ 溶液滴加速度对复合粉体白度的影响。当 NaOH 溶液浓度为 0.3mol/L，滴加速度为 7mL/min，$MgSO_4$ 溶液的浓度为 0.15mol/L，滴加速度为 7mL/min 时复合粉体白度最高。因此 $MgSO_4$ 溶液的最佳滴加速度为 7mL/min。

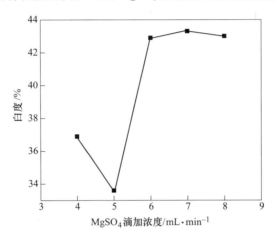

图 8-5　$MgSO_4$ 溶液滴加速度对粉煤灰空心微珠基复合粉体白度的影响

8.1.1.6 包覆剂滴加方法

不同滴加方法对复合粉体白度的影响效果如图 8-6 所示。由图 8-6 可知，向

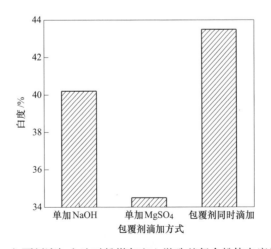

图 8-6　包覆剂滴加方法对粉煤灰空心微珠基复合粉体白度的影响

粉煤灰空心微珠悬浮液中并流滴加 NaOH 和 MgSO₄ 溶液比单加任何一种包覆剂白度值都有明显的提高，而且单加 NaOH 溶液的白度优于单加 MgSO₄ 溶液。若事先将某一种包覆剂与空心微珠悬浮液混合，当开始滴加另一种包覆剂时，在反应初始阶段，与空心微珠悬浮液中相混合的包覆剂浓度很高，笔者等人[6]研究结果表明，反应物浓度过高，晶体生长速率快，连生体和二次成核数量增加，此时包覆剂自发从高浓度溶液中析出成沉淀，而没有包覆在空心微珠表面上。若单加 MgSO₄ 溶液，则悬浮液中 NaOH 溶液浓度过高，在碱性过强的环境下，会导致空心微珠表面腐蚀严重，甚至会破坏微珠空心结构，因此复合粉体白度不高。若同时加入包覆剂，则其更均匀地分散于整个包覆体系，在微珠表面生成 Mg(OH)₂，故最佳的方法为并流双加。

8.1.1.7　反应温度

图 8-7 为反应温度对复合粉体白度的影响。当反应温度为 30~80℃时，复合粉体的白度随着反应温度的升高持续增加，80℃时达到最高点，然后降低，这是因为随着反应温度的提高，粉煤灰空心微珠溶液的活化程度越高[7]，越有利于晶体成核。低温下生成的 Mg(OH)₂ 晶体晶型不完整，晶体边缘不规则，比表面能大，易发生团聚现象，包覆效果不佳；相反，在反应温度高的情况下，溶液中离子运动剧烈，加快了反应速度，溶液中离子在短期内生成大量沉淀，过饱和度增大，成核位能减小，根据 Volmer 关系[8]，导致晶核生长速率增大，从而有利于 Mg(OH)₂ 晶型更完善，极性也随之降低；当反应温度过高时，空心微珠表面过冷度降低，形核势垒增大[9]，晶体形核过程受阻。因此反应温度不能过高，最佳反应温度为 80℃。

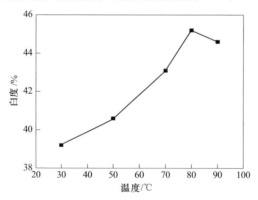

图 8-7　反应温度对粉煤灰空心微珠基复合粉体白度的影响

8.1.1.8　固液比

图 8-8 为煅烧粉煤灰空心微珠与水固液比对复合粉体白度的影响。当固液比

为 1:3~1:5 时，复合粉体白度值呈增加趋势，因为粉体的改性效果和分散性有直接关系，只有空心微珠处于良好的分散状态，才具备良好包覆的基本条件。当固液比过大时，空心微珠悬浮液浓度过高，分散性不好，容易发生团聚，复合粉体白度在固液比为 1:5 时达到最大值，随着固液比减小，反应体系中空心微珠的浓度降低，当包覆剂加入悬浮液中时，与微珠接触的概率降低，引起沉淀游离在悬浮液中，包覆效果不佳；若固液比大于 1:3，配制的空心微珠悬浮液分散性不好。因此最佳固液比为 1:5。

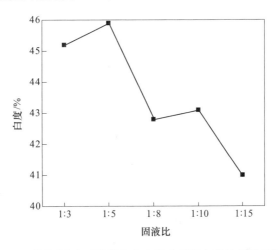

图 8-8　不同固液比对粉煤灰空心微珠基复合粉体白度的影响

8.1.1.9　反应时间

图 8-9 为反应时间对白度的影响。如图 8-9 所示，当反应时间为 10~30min 时，随着反应时间的延长，复合粉体白度增高，因为包覆剂刚滴加完时，悬浮液中反应物还未完全参与反应，随着反应时间的延长，$Mg(OH)_2$ 沉淀和微珠表面之间发生反应、结合，反应进行得更彻底，生成的 $Mg(OH)_2$ 在空心微珠的表面沉积、不断生成新的晶核、长大，最后形成致密的包覆层。当反应时间为 30~60min 时白度下降，这是由于包覆层增厚，沉淀层和基体的结合力下降，经过长时间的高机械力（冲击力和剪切力）的搅拌作用使得部分已经包覆在粉煤灰表面的 $Mg(OH)_2$ 颗粒脱落，因而在搅拌中反应时间不宜过长。反应时间超过 60min 时，溶液中的游离态离子已经完全充分反应，沉淀层的溶解和生成达到动态平衡，包覆层保持稳定而致密，不利于空心微珠的活性组分的渗透和扩散，活性分子穿过包覆层的扩散速率缓慢[7]，包覆层变化不大，白度基本不发生变化。因此最佳反应时间为 30min。

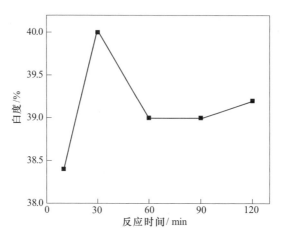

图 8-9   反应时间对粉煤灰空心微珠基复合粉体白度的影响

8.1.1.10   溶液 pH 值

图 8-10 为 pH 值对复合粉体白度的影响。图 8-11 为不同 pH 值下粉煤灰和氢氧化镁的 Zeta 电位值。由图 8-10 和图 8-11 可知，当 pH 值小于 5.7 时，粉煤灰空心微珠颗粒表面带正电荷，即当溶液 pH 值较小时，微珠表面电位值较大，随着溶液 pH 值增大，电位值减小，空心微珠之间的相互斥力减小，在溶液中的分散性很差，且空心微珠粒径小，比表面积大，为了减少比表面积而趋于相互团聚，释放出大量能量，此时微珠将以团聚体的形式与 $Mg(OH)_2$ 结合；此外，在酸性条件下，空心微珠表面被部分溶解，破坏微珠光滑的中空结构，而且会中和溶液中 OH^-，溶解表面包覆的 $Mg(OH)_2$ 沉淀，因此酸性越强，复合粉体的白度值越低。当 pH 值为 7 时，空心微珠的 Zeta 电位绝对值达到最大，说明处于稳定悬浮状态，纳米级 $Mg(OH)_2$ 的电位值降低，由于 $Mg(OH)_2$ 表面极性很强，易于发生二次团聚，趋于不稳定状态，易在溶液中自行团聚，导致包覆在微珠表面的含量降低。$Mg(OH)_2$ 和空心微珠带相反电荷，两者以引力为主。当 pH 值在 11.2~13.0 时，$Mg(OH)_2$ 粒子带负电荷，Zeta 电位绝对值增大，开始稳定存在于悬浮液中，溶液中过量的 OH^- 将会缓慢侵蚀微珠表面，破坏微珠光滑的表面，产生多处活化点，提高反应速率，而且会溶解出一部分活性物质 SiO_2 和 Al_2O_3[10]，和溶液中的 $MgSO_4$ 发生化学反应，实现化学结合。此外碱性条件下会有利于沉淀反应朝着生成 $Mg(OH)_2$ 的方向进行，生成的晶核粒度小、形状不规则。由图 8-11 可知，空心微珠表面带负电荷，自发吸引溶液中的 Mg^{2+} 向生长的晶体表面迁移，最终生成均匀的包覆层。当 pH 大于等于 13 时，反应体系的碱性过强，会严重破坏微珠表面，降低白度。因此最佳 pH 值为 12 左右。

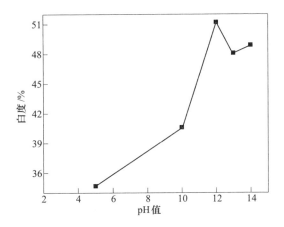

图 8-10　pH 值对粉煤灰空心微珠基复合粉体白度的影响

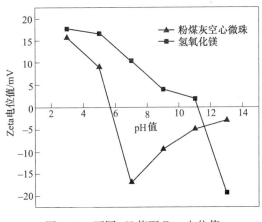

图 8-11　不同 pH 值下 Zeta 电位值

综上所述，单因素试验制备粉煤灰空心微珠基复合粉体的最佳工艺条件为：包覆量为 50%，同时以 7mL/min 的滴加速度加入浓度分别为 0.3mol/L 的 NaOH 溶液和 0.15mol/L 的 $MgSO_4$ 溶液，反应温度为 80℃，粉煤灰空心微珠煅烧样与水固液比为 1∶5，反应时间为 30min，溶液 pH 值为 12。复合粉体的白度从 27.1% 提高到 51.2%。

8.1.2　粉煤灰空心微珠包覆 Mg(OH)₂ 正交试验

根据单因素试验结果，选取了对复合粉体白度有较大影响的 6 个因素，分别为包覆量、包覆剂滴加速度、溶液 pH 值、反应温度、反应时间、空心微珠煅烧样与水固液比。采用 $L_{25}(5^6)$ 正交试验表，进行表头设计，见表 8-1。试验过程如下：将粉煤灰空心微珠煅烧样和水按一定量的质量比例加入三口烧瓶中，搅拌均匀，在一定的水浴温度和中速搅拌条件下，以一定的滴速同时滴加 0.3mol/L 的 NaOH 溶液与 0.15mol/L 的 $MgSO_4$ 溶液，滴加完成后调节溶液 pH 值，继续水浴加热搅拌一定时间，反应结束后陈化 30min，经过滤、洗涤、干燥、打散，即得到粉煤灰空心微珠包覆氢氧化镁复合粉体。测定复合粉体的白度，确定最佳工艺条件。

表 8-1　粉煤灰空心微珠包覆氢氧化镁复合粉体正交试验安排表

水平	影响因素					
	1	2	3	4	5	6
	包覆量 /%	滴加速度 /mL·min^{-1}	溶液 pH 值	温度 /℃	反应时间 /min	固液比
1	40	1	7	50	60	1：3
2	50	2	10	70	90	1：5
3	60	5	12	80	120	1：8
4	70	6	13	90	150	1：10
5	80	7	14	95	180	1：15

　　正交试验安排及结果见表 8-2 和表 8-3，正交试验白度方差分析见表 8-4。由表 8-3 极差的大小可知本试验各因素对白度影响显著性顺序为：B>E>D>A>C>F，即包覆剂滴加速度>反应时间>反应温度>包覆量>溶液 pH 值>固液比。

　　根据表 8-4 可知，包覆剂滴加速度、反应时间对复合粉体白度有显著影响；包覆量和反应温度对白度有影响；溶液 pH 值和空心微珠与水固液比对白度的影响较小。因此显著性大小排列为：滴加速度>反应时间>包覆量>反应温度>溶液 pH 值>固液比。方差分析结果中包覆量与反应温度对复合粉体白度的影响与极差分析结果不相符，结合试验操作过程中各因素对白度的影响效果分析，得知包覆量的影响效果更为显著，因此以方差分析结果为标准。另外，可通过白度因素指标图进一步验证上述关系，如图 8-12 所示。

　　由图 8-12 方差因素指标图可以看出，包覆剂滴加速度和反应时间对复合粉体的白度有显著性影响，溶液 pH 值和空心微珠与水固液比对复合粉体白度没有较大的影响，其他因素影响不显著，最佳试验条件为 $A_4B_3C_2D_4E_2F_2$，在此条件下安排试验，复合粉体白度为 55.3%，为正交试验最高值。单因素最佳条件下复合粉体的白度为 51.2%，与之相比，正交试验最佳条件下制备的复合粉体的白度更高。

　　综上所述，粉煤灰空心微珠包覆氢氧化镁试验最佳工艺条件为：包覆量为

70%，包覆剂滴加速度为 5mL/min，溶液 pH 值为 10，反应温度为 90℃，反应时间为 90min，粉煤灰空心微珠与水固液比为 1∶5。

表 8-2 粉煤灰空心微珠包覆氢氧化镁复合粉体 $L_{25}(5^6)$ 正交试验表

因素	A	B	C	D	E	F
试验 1	1	1	1	1	1	1
试验 2	1	2	2	2	2	2
试验 3	1	3	3	3	3	3
试验 4	1	4	4	4	4	4
试验 5	1	5	5	5	5	5
试验 6	2	1	2	3	4	5
试验 7	2	2	3	4	5	1
试验 8	2	3	4	5	1	2
试验 9	2	4	5	1	2	3
试验 10	2	5	1	2	3	4
试验 11	3	1	3	5	2	4
试验 12	3	2	4	1	3	5
试验 13	3	3	5	2	4	1
试验 14	3	4	1	3	5	2
试验 15	3	5	2	4	1	3
试验 16	4	1	4	2	5	3
试验 17	4	2	5	3	1	4
试验 18	4	3	1	4	2	5
试验 19	4	4	2	5	3	1
试验 20	4	5	3	1	4	2
试验 21	5	1	5	4	3	2
试验 22	5	2	1	5	4	3
试验 23	5	3	2	1	5	4
试验 24	5	4	3	2	1	5
试验 25	5	5	4	3	2	1

表 8-3 粉煤灰空心微珠包覆氢氧化镁复合粉体正交试验结果

因素	A 包覆量/%	B 滴加速度 /mL·min⁻¹	C pH 值	D 温度/℃	E 反应时间/min	F 固液比	M 白度/%
1	40	1	7	50	60	1∶3	38.2
2	40	2	10	70	90	1∶5	43.7
3	40	5	12	80	120	1∶8	48.1

因素	A 包覆量/%	B 滴加速度/mL·min⁻¹	C pH 值	D 温度/℃	E 反应时间/min	F 固液比	M 白度/%
4	40	6	13	90	150	1∶10	36.1
5	40	7	14	95	180	1∶15	42.2
6	50	1	10	80	150	1∶15	47.3
7	50	2	12	90	180	1∶3	45.2
8	50	5	13	95	60	1∶5	46.7
9	50	6	14	50	90	1∶8	37.8
10	50	7	7	70	120	1∶10	48.7
11	60	1	12	95	90	1∶10	46.8
12	60	2	13	50	120	1∶15	36.5
13	60	5	14	70	150	1∶3	38.8
14	60	6	7	80	180	1∶5	38.1
15	60	7	10	90	60	1∶8	44.6
16	70	1	13	70	180	1∶8	46.9
17	70	2	14	80	60	1∶10	36.9
18	70	5	7	90	90	1∶15	54.3
19	70	6	10	95	120	1∶3	44.0
20	70	7	12	50	150	1∶8	45.7
21	80	1	14	90	120	1∶5	52.1
22	80	2	7	95	150	1∶8	37.4
23	80	5	10	50	180	1∶10	46.1
24	80	6	12	70	60	1∶15	35.7
25	80	7	13	80	90	1∶3	51.3
E_{1j}	41.66	46.26	43.34	40.86	40.42	43.5	
E_{2j}	45.14	39.94	45.14	42.76	46.78	45.26	B>E>D>
E_{3j}	40.96	46.80	44.3	44.34	45.88	42.96	A>C>F
E_{4j}	45.56	38.34	43.50	46.46	41.06	41.75	
E_{5j}	44.52	46.50	41.56	43.42	43.7	43.20	
极差	4.60	8.46	3.58	5.60	6.36	3.51	

表 8-4 粉煤灰空心微珠包覆氢氧化镁复合粉体正交试验白度方差分析

	因素	偏差平方和	自由度	均差	F	$F_{临界值}$	显著性
A	包覆量	88.94	4	22.24	2.78		＊＊
B	滴加速度	333.92	4	83.48	10.44		＊＊＊
C	pH 值	35.48	4	8.87	1.11	$F_{0.01}=4.22$	
D	反应温度	84.84	4	21.21	2.65	$F_{0.05}=2.78$	＊
E	反应时间	159.40	4	39.85	4.98	$F_{0.1}=2.19$	＊＊＊
F	固液比	31.99	4	8.0	1.00		

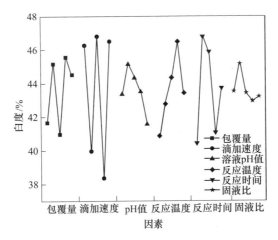

图 8-12 粉煤灰空心微珠包覆氢氧化镁复合粉体白度因素指标图

8.2 粉煤灰包覆氢氧化镁复合粉体表征

8.2.1 形貌分析

8.2.1.1 煅烧前后粉煤灰空心微珠 SEM 分析

图 8-13 为煅烧前后粉煤灰空心微珠的微观形貌图；图 8-13（a）和（b）为煅烧之前的微观形貌图；图 8-13（c）和（d）为煅烧之后的微观形貌图。由图 8-13（a）和（b）可知，粉煤灰空心微珠为规则球形结构，表面比较光滑，黏附了少量不规则颗粒，微珠粒度大小不均一，这些表面黏附的小颗粒和掺杂的块状物均为未燃尽的碳颗粒，这些碳颗粒以孤立碳、表面碳和核心碳的形式存在[11]，由于碳颗粒颜色较深，因此空心微珠白度偏低。对比图 8-13（a）和（c）可以看出，经过煅烧后这些块状物含量减少，但球形度未发生变化，说明在 815℃ 下

煅烧不会破坏空心微珠的物理结构；对比图 8-13（b）和（d）可以看出，煅烧后空心微珠表面黏附的碳颗粒消失，表面变得光滑。

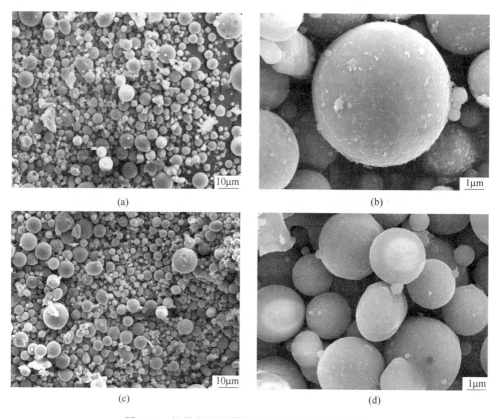

图 8-13　煅烧前后粉煤灰空心微珠的扫描电镜图

（a）粉煤灰空心微珠原样×1000；（b）粉煤灰空心微珠原样×10000；
（c）煅烧粉煤灰空心微珠×1000；（d）煅烧粉煤灰空心微珠×10000

8.2.1.2　粉煤灰空心微珠包覆氢氧化镁复合粉体 SEM 分析

图 8-14 为粉煤灰、煅烧粉煤灰、复合粉体、氢氧化镁的扫描电镜图和复合粉体 EDS 图。空心微珠包覆 $Mg(OH)_2$ 后，包覆效果良好，沉淀为薄片状，厚度小于 100nm，层片直径为 100~300nm，粒度大小基本均匀，大部分 $Mg(OH)_2$ 沉淀均在微珠表面活化、形核、生长，单独形核生长的 $Mg(OH)_2$ 团聚体相对较少，包覆后球形度依然良好。由于包覆层没有形成连续平滑的膜层，因此复合粉体表面变得更粗糙。氢氧化镁团聚体呈纳米片状形态，且氢氧化镁的平均晶粒尺寸明显大于包覆在煅烧粉煤灰上的氢氧化镁，说明同样的方法包覆在煅烧粉煤灰上生成的氢氧化镁活性基团更多。

图 8-14 粉煤灰、煅烧粉煤灰、复合粉体×5000、复合粉体×50000、氢氧化镁的扫描电镜图
(a) 粉煤灰; (b) 煅烧粉煤灰; (c), (d) 复合粉体×5000; (e) 氢氧化镁

8.2.2 比表面积分析

表 8-5 为包覆前后粉煤灰空心微珠 BET 比表面积。由表 8-5 可知,煅烧后,

空心微珠表面变得光滑，比表面积从 3.69m²/g 减小至 2.47m²/g，这是因为经过煅烧预处理后的粉煤灰空心微珠除去了表面碳和核心碳，表面变得光滑；空心微珠表面包覆 Mg(OH)₂ 后比表面积从 2.47m²/g 增大到 30.99m²/g，这是因为粉煤灰空心微珠煅烧样表面包覆了细小粒子，表面变得粗糙，因此比表面积增大。

表 8-5　包覆前后粉煤灰空心微珠 BET 比表面积

类型	比表面积/m²·g⁻¹
粉煤灰空心微珠	3.69
粉煤灰空心微珠煅烧样	2.47
空心微珠包覆氢氧化镁复合粉体	30.99

8.2.3　XRD 分析

图 8-15 为粉煤灰空心微珠表面包覆 Mg(OH)₂ 前后的 X 射线衍射图。曲线 a 为经过煅烧后的粉煤灰空心微珠的 XRD；曲线 b 为 Mg(OH)₂ 的 XRD，曲线 c 为粉煤灰空心微珠包覆氢氧化镁复合粉体的 XRD。曲线 b 中从左至右的晶面依次为 (001)、(100)、(101)、(102)、(110)、(111)、(103)、(201)，其中 (101) 面的峰强最尖锐，说明此方向的晶面更完整；对比曲线 a、b 和 c 可知，复合粉体中出现了大量显著而尖锐的 Mg(OH)₂ 的特征峰，说明在空心微珠上成功包覆了大量晶型完好的 Mg(OH)₂，卡片号 No.441482。由于 Mg(OH)₂ 溶液具有碱性，空心微珠致密外层逐渐消失并且活性核心逐渐暴露。如果 OH⁻ 浓度

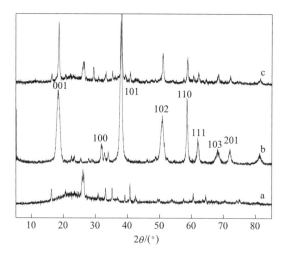

图 8-15　粉煤灰空心微珠包覆 Mg(OH)₂ 前后的 XRD 图

a—粉煤灰空心微珠煅烧样；b—氢氧化镁；c—复合粉体

适量，那么 SiO_2 和 Al_2O_3 玻链会快速瓦解并且会产生大量活性官能团，随着玻璃外表面的腐蚀，里面的活性成分也开始溶解，因此在微珠表面沉积了大量活性硅酸盐和铝酸盐产物，$Mg(OH)_2$ 晶体与之发生离子交换并形核、长大[12]，最终形成致密 $Mg(OH)_2$ 包覆层。

根据谢乐公式 $D = K\lambda/\beta\cos\theta$ 计算各晶面氢氧化镁尺寸见表8-6。由表8-6可以看出，包覆层颗粒（001）面生长最缓慢，晶体厚度为13.4nm。其中 D 为粒径大小，K 为 Scherrer 常数，取0.89，λ 为 X 射线波长0.15nm，β 为峰形半高宽，θ 为衍射角。

表8-6　粉煤灰空心微珠包覆 Mg(OH)₂ 复合粉体谢乐公式计算数据

晶面	$2\theta/(°)$	$h/$mm	$\beta/$rad	$D/$nm
（101）	37.88	601.13	0.00672	20.99
（001）	18.32	314.34	0.01012	13.40
（110）	58.54	278.00	0.00375	40.83

8.2.4　红外分析

图8-16是粉煤灰空心微珠表面包覆 $Mg(OH)_2$ 前后的 FTIR 图。曲线 a 是经过煅烧预处理的粉煤灰空心微珠的 FTIR 图；曲线 b 为 $Mg(OH)_2$ 的 FTIR 图；曲线 c 为复合粉体的 FTIR 图。由曲线 b 可知，波数 $3697.36cm^{-1}$ 为 O—H 反对称伸缩振动的特征吸收峰[13]，此峰的吸收带强，峰锐而窄，是典型的氢氧键，不存在氢键，说明 $Mg(OH)_2$ 中含有大量的自由羟基，自由羟基含量越高，越有利于 $Mg(OH)_2$ 以非均匀形核的形式完成包覆过程；波数 $1448.47cm^{-1}$ 处为 $Mg(OH)_2$ 中 O—H 的弯曲振动峰[13]。对比曲线 a 和 c 可以发现，波数 $1631.70cm^{-1}$ 移动至 $1639.41cm^{-1}$ 处，O—H 弯曲振动特征吸收峰发生了蓝移现象，峰强增大，说明空心微珠表面的自由羟基减少，缔合羟基增多[14]，即空心微珠和 $Mg(OH)_2$ 之间发生了化学反应。对比曲线 a、b 和 c 可知，空心微珠波数 $1091.65cm^{-1}$ 处的特征峰和 $Mg(OH)_2$ 波数 $1116.73cm^{-1}$ 处的特征峰，在复合粉体中移动至波数 $1056.94cm^{-1}$ 处，峰强大小顺序为：空心微珠>复合粉体>$Mg(OH)_2$，空心微珠波数 $555.47cm^{-1}$ 处的 O—Si—O 特征吸收峰消失，说明化学键 Si—O 和 Mg—O 断裂，消耗了 Si—O 和 Mg—O 含量，生成新化学键 Si—O—Mg。对比曲线 b 和 c 可知，复合粉体在波数 $3693.50cm^{-1}$ 和 $1448.47cm^{-1}$ 处出现了氢氧化物的结晶水峰，且波数 $1448.47cm^{-1}$ 的峰强增大，这表明复合粉体同时具有了空心微珠和 $Mg(OH)_2$ 的特征吸收峰，羟基总含量增大，即在空心微珠表面包覆了 $Mg(OH)_2$ 包覆层。

$Mg(OH)_2$ 晶体主要有球形、棒状、针状、纤维状、六方片状、圆形片状、

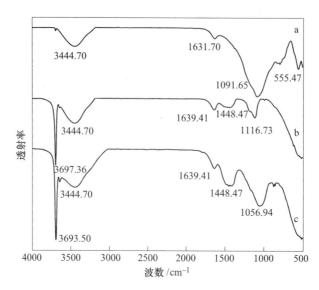

图 8-16　包覆 Mg(OH)₂ 前后粉煤灰空心微珠 FTIR 图

a—粉煤灰空心微珠煅烧样；b—氢氧化镁；c—复合粉体

椭圆片状等形态[15]，由 XRD 图 8-15 和 SEM 图 8-14 可知，Mg(OH)₂ 包覆层为不规则薄片状，部分顶角圆化，其中（101）面峰强最尖锐，此面晶形最完整，（001）面生长速度最慢，（110）面生长速度最快，晶体沿此面生长，说明 Mg(OH)₂ 生长方式为二维延长型，这与其生长基元的联结方式有关，Mg(OH)₂ 晶体结构的联结方式虽然是采用共用顶角的方式，但不是以正八面体方式联结的，而是以一个羟基联结三个 Mg²⁺ 的方式，只沿 X 轴、Y 轴方向生长[16]（见图

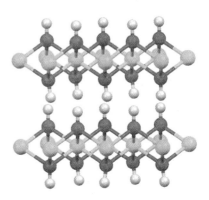

图 8-17　片状 Mg(OH)₂ 的三维结构图

8-17）。该联结方式稳定性高，从而使（110）面生长速率快，导致该面族不易显露，而纵轴方向（001）面并无化学键的联结，稳定性差，所以生长缓慢，甚至不生长，使得（001）面易显露，且厚度较小，从而造成晶体呈片状，厚度仅为 13.36nm。当包覆剂以稳定的速率加入粉煤灰空心微珠悬浮液中，在 90℃ 水热条件下，晶体生长处于非受迫体系中，溶液中离子处于过饱和状态下，自发的从溶液中析出晶核，连续滴加的溶液将继续补充溶液中离子浓度，使溶液浓度始终处于满足晶核析出的状态，晶粒界面能减少和扩散效应提供了晶核继续生长的驱动力[17]，晶体各面的生长习性得以充分显露。

结合上述晶体生长理论，可以推测空心微珠表面包覆 $Mg(OH)_2$ 的过程为：在空心微珠悬浮液中分别以 5mL/min 的滴加速度并流滴加浓度分别为 0.15mol/L 和 0.30mol/L 的 $MgSO_4$ 溶液和 NaOH 溶液，在搅拌过程中反应物分别分解成 Mg^{2+}、SO_4^{2-}、Na^+、OH^- 等离子，在碱性条件下，OH^- 开始缓慢侵蚀空心微珠表面，主要活性成分 SiO_2 和 Al_2O_3 发生水化反应，释放出少量活性物质；Si—O—Si、Si—O—Al、Al—O 等化学键发生部分断裂，分别生成新的化学键 Si—O—Mg，而且两种粒子中羟基发生缩合反应，强化了化学键力。当 pH 值等于 10 时，$Mg(OH)_2$ 与空心微珠之间为静电引力，而静电作用力小，羟基缩合产生的化学键的结合力远远大于静电力，使包覆层和基体之间相互吸附形成稳定的核-壳结构。微珠被侵蚀后表面变得粗糙，产生多处活化点，有利于游离的 Mg^{2+}、OH^- 参与反应生成沉淀，在活性部位成核，当实际半径小于临界晶核半径时，晶核将重新被溶解；当晶核半径大于临界晶核半径时，晶核将从溶液中析出，降低溶液的过饱和度，因此需要不断地加入反应离子，而且系统从亚稳态趋于稳定态，降低悬浮液吉布斯自由能，晶核在水浴加热的条件下开始自发地从溶液中高浓度区域吸收离子，晶核在生长的界面上沿台阶的切向和法向连续沉积和吸附，旧的界面不断被覆盖，新的界面不断产生。$Mg(OH)_2$ 沿水平面生长较快，纵轴生长缓慢，形成片状结构。

8.3　复合粉体吸附废水中重金属离子

将已知质量的煅烧粉煤灰、煅烧粉煤灰包覆氢氧化镁和纯氢氧化镁加入含有 25mL 不同初始浓度（50mg/L、35mg/L、20mg/L）的重金属溶液的锥形瓶中，在 25℃ 下，不同初始 pH 值下，以 150r/min 的转速均匀震荡 10～1440min。所有溶液离心（7800r/min，10～20min）得到上清液，最后用 ICP-OES 进行铜、锌、镍离子浓度分析，计算样品对重金属离子的去除率。

煅烧粉煤灰、氢氧化镁和复合粉体对重金属离子的吸附结果见表 8-7。C_0 是重金属离子的初始浓度；C_t 是重金属离子在吸附时间为 t 时的浓度；初始 pH 值为 2；吸附时间为 120min；过滤时间为 10min。

如表 8-7 所示，煅烧粉煤灰吸附 Cu^{2+}、Zn^{2+} 和 Ni^{2+} 去除效率较低，而复合粉体吸附 Cu^{2+}、Zn^{2+} 和 Ni^{2+} 去除效率在 80% 以上，这是由于复合粉体比表面积增大，能产生更多的活性基团。煅烧粉煤灰、氢氧化镁和复合粉体吸附重金属离子的去除效率顺序为：$Cu^{2+} > Zn^{2+} > Ni^{2+}$。当 Cu^{2+}、Zn^{2+} 和 Ni^{2+} 同时存在于同一溶液中时，煅烧粉煤灰、氢氧化镁和复合粉体吸附重金属离子的去除效率顺序也为：$Cu^{2+} > Zn^{2+} > Ni^{2+}$，原因是煅烧粉煤灰、氢氧化镁和复合粉体吸附重金属离子遵循沉淀机理和离子交换机理，溶解度积常数（K_{sp}）依次为 $Mg(OH)_2(8.19\times10^{-12}) > Ni(OH)_2(1.16\times10^{-16}) > Zn(OH)_2(1.2\times10^{-17}) > Cu(OH)_2(2.2\times10^{-20})$。值得一提的是，在酸性溶液中，氢氧化镁吸附 Cu^{2+}、Zn^{2+} 和 Ni^{2+} 去除效率也很低，原因是与酸反应后消耗了部分氢氧化镁粉体，纳米氢氧化镁粒度太细，很难从溶液中分离出来，用 ICP-OES 检测时，溶液中通常加入硝酸以防止沉淀，残留在液体中的氢氧化镁粉体会与硝酸发生反应，导致氢氧化镁表面吸附的重金属离子发生解析，从而使重金属离子浓度增加。

表 8-7　煅烧粉煤灰、复合粉体和氢氧化镁吸附重金属离子结果

样品	重金属离子	$C_0/mg \cdot L^{-1}$	平衡 pH 值	$C_t/mg \cdot L^{-1}$	去除率/%
煅烧粉煤灰	Cu^{2+}	35	3.20	34.61	1.11
	Zn^{2+}	35	3.13	34.78	0.63
	Ni^{2+}	35	3.15	34.86	0.4
复合粉体	Cu^{2+}	35	6.66	3.03	91.34
	Zn^{2+}	35	6.8	3.7	89.43
	Ni^{2+}	35	7.01	4.1	88.29
	$Cu^{2+}/Zn^{2+}/Ni^{2+}$	11.67/11.67/11.67	7.08	0.92/8.21/11.40	92.12/29.65/2.31
氢氧化镁	Cu^{2+}	35	4.51	28.3	19.14
	Zn^{2+}	35	4.87	29.7	15.14
	Ni^{2+}	35	4.91	31.4	10.29
	$Cu^{2+}/Zn^{2+}/Ni^{2+}$	11.67/11.67/11.67	4.96	8.64/10.61/11.24	25.96/8.6/3.68

参 考 文 献

[1] Wu Y H, Pang H W, Liu Y, et al. Environmental remediation of heavy metal ions by novel-nanomaterials: A review [J]. Environ. Pollut. , 2019, 246: 608~620.

[2] Wang C L, Wang J, Wang S B, et al. Preparation of Mg(OH)₂/calcined fly ash nanocomposite for removal of heavy metals from aqueous acidic solutions [J]. Materials, 2020, 20 (13): 1~13.

[3] Wang C L, Yang R Q, Wang H F. Synthesis of ZIF-8/fly ash composite for adsorption of Cu^{2+}, Zn^{2+} and Ni^{2+} from aqueous solutions [J]. Materials, 2020, 13 (1): 214.

[4] 刘兆平, 杨永会, 樊唯馏, 等. 特殊晶形貌的氢氧化镁阻燃剂的研制 [J]. 化学世界, 2002, (11): 612~614.

[5] 张波, 王晶, 徐秀琳, 等. 不同合成条件对片状氢氧化镁阻燃材料微观形貌影响 [J]. 有色矿冶, 2005, (S1): 68~70.

[6] 王彩丽, 郑水林. 粉煤灰空心微珠表面包覆硅酸铝的工艺研究 [J]. 化工矿物与加工, 2007, (增刊): 87~91.

［7］ 杨玉芬，盖国胜，刘晓华，等．粉煤灰微珠表面包覆机理研究［J］．中国矿业大学学报，2007，36（5）：592~596.

［8］ 王彩丽，郑水林，王怀法．非均匀成核法制备硅酸铝-硅灰石复合粉体材料［J］．中国粉体技术，2012，18（1）：29~33.

［9］ 李桂金，白志民，马忠诚，等．镍铁氧体/粉煤灰空心微珠复合粉体的制备及电磁性能［J］．硅酸盐学报，2015，43（2）：231~236.

［10］ 周佳，邵群，马晓程，等．淮南电厂粉煤灰矿物组成及晶型结构研究［J］．洁净煤技术，2012，18（6）：84~87.

［11］ 王命．煤粉灰改性增白的研究［D］．广州：华南理工大学，2015.

［12］ 黄新友．无机非金属材料专业综合试验与课程试验［M］．北京：化学工业出版社，2008.

［13］ 廖立兵，王丽娟，尹京武，等．矿物材料现代测试技术［M］．北京：化学工业出版社，2010.

［14］ 刘芳，胡国海．红外吸收光谱基团频率影响因素的验证［J］．景德镇高专学报，2010，25（4）：28~30.

［15］ 关云山，王成玲，戴杰，等．不同形貌氢氧化镁的化学合成及影响因素［J］．无机盐工业，2006，38（6）：1~4.

［16］ 范天博，王怀士，张研，等．高温体系合成六方片状氢氧化镁晶体生长机理的研究［J］．人工晶体学报，2014，43（9）：2276~2280.

［17］ 周永红，范天博，刘露萍，等．六方片状氢氧化镁的合成及其第一性原理分析［J］．化工学报，2016，67（9）：3843~3849.